大智慧之心

《弹琴观音》

韩金英 ◎ 著

团结出版社

图书在版编目（CIP）数据

大智慧之心 / 韩金英著 . -- 北京 : 团结出版社，2016.4（2023.4 重印）
ISBN 978-7-5126-4014-6

Ⅰ.①大… Ⅱ.①韩… Ⅲ.①人生哲学－通俗读物 Ⅳ.① B821-49

中国版本图书馆 CIP 数据核字（2016）第 045864 号

出　　版：团结出版社
　　　　　（北京市东城区东皇城根南街 84 号　邮编：100006）
电　　话：（010）65228880　65244790（出版社）
　　　　　（010）65238766　85113874　65133603（发行部）
　　　　　（010）65133603（邮购）
网　　址：http://www.tjpress.com
E-mail：zb65244790@vip.163.com
　　　　　tjcbsfxb@163.com（发行部邮购）
经　　销：全国新华书店
印　　装：天津盛辉印刷有限公司

开　　本：170mm×230mm　　16 开
印　　张：9.5
字　　数：53 千字
版　　次：2016 年 4 月　第 1 版
印　　次：2023 年 4 月　第 3 次印刷

书　　号：978-7-5126-4014-6
定　　价：46.00 元
　　　　（版权所属，盗版必究）

《金刚经》所说的
菩萨道及其修行

实证的结果

　　十年前，要歌颂令人起死回生的大道，先画了一批菩萨。我没学过画画，不会的时候一愣神，一空就知道怎么画了。空静就是本性智慧，是菩萨教会我画画的。本性是一，2006年底我从"一"开始了空中生妙有的无限快乐，我看到自己的心灵是一个质朴欢快的小女孩，她太聪明了，很大的事情，凭着两个阴阳爻断案出奇的准，我一定画她。元神系列的第一张《无名之朴》画完，我对着她尖声地喊了一周"妹妹"。相比较之前身心的扭曲，在死亡的边缘痛苦的挣扎，这是心灵得到解放的新生和狂喜。

　　在元神的指引下，我画了八卦、五行、元精、元气、成道等系列。三年时间把一个人心灵成长的科学体系描述完。我现在明白了，五行八卦就是真一的后天演绎，元精、元气、元神三合一，是成就真一的金丹大药。这么多画，反映了同一个清晰的内在脉络：得道的实证路径，一个人如何够着老天的天道。

　　天道就是自然，生命是最高的自然科学，真正的科学是道真。一个没有师父指导。从不打坐。反感练功的人，画的那些画却在我身上一一变成现实。元精发动、养育圣胎、分神运化、身外有身、三清验证，这些人们想象不出来的东西，自然开了玄关的五年时间内一一成真。喜欢悟道，悟了画下来，就成真了。把悟道的体会分享给他人，数百人被我激活真心。大道靠实证说话，得了道真每天进步，不断有新的验证出来。之前的画靠灵感，这些画已经发生了无数的故事。之后圣神系列的画，全是实证的结

大智慧之心

果，证出来什么才画一张，画的能量效应更强。最近画的《玉神》，很多人看后拉肚子。这是全身细胞的精华养成的内丹，是至清至纯的高能量。为了出书找这张画的图片，一看就开始肚子疼，清理得一干二净才消停了。玉神就在人的肚脐生门死户出入，是人天之间的天枢，带的是大道本元能量，显示的是原始天尊的法相。

　　画的很少，悟的很多，每个月在道德经艺术馆讲道。不懂功，不会法，只讲修心性，道真却源源不断地在我和听者身上发生。真的像《西游记》中说的：心性修持大道生。讲了五年修心性的精华，是针对大家的实践和经典理论的验证综合的结果，是没有实操的真实操。勉强地叫无为法也可以，没做什么却可以无不为。

　　最近读《金刚经》，发现大乘无上道就是我这几年讲的无为法。《金刚经》告诉你一个结果，方法是真信。但是，真心出来是最难的事情，有无限的障碍阻挡。这颗大智慧之心，有一个道光养育的过程，生理、心理的变化过程，进入超生理、超心理的适应过程。也就是这颗菩提心是靠能量说话的，金丹课程讲本心，《金刚经》是验证本心的，两者放在一起，学习大智慧之心才完整。课讲了一百回，没有重复的，因为元神讲道是永远的当下之真。如果把讲话都写成文字，几百万字也容纳不下，所以本书只是提炼的精华，讲课的提纲。

　　十年后才明白，为什么当初先画了菩萨。原来是用生命的十年历程，在探索、验证大乘菩萨道。这本书是十年磨一剑，而且真的是浓缩的都是精华。

《金刚经》所说的
菩萨道及其修行

实证的结果 ··· 001

第一部分：读《金刚经》心得 ························· 001

1. 法会因由分第一（讲法的缘起）············· 003
2. 善现启请分第二（当场示现）················ 005
3. 大乘正宗分第三（大乘无相）················ 007
4. 妙行无住分第四（法身布施）················ 009
5. 如理实见分第五（现实中验证）············· 011
6. 正信希有分第六（能自然才是真信）······· 013
7. 无得无说分第七（无为法是唯一的正路）·· 015
8. 依法出生分第八（法身度灵）················ 017
9. 一相无相分第九（离相离欲）················ 019
10. 庄严净土分第十（清净快乐之境）·········· 021
11. 无为福胜分第十一（法身建玄德）·········· 023
12. 尊重正教分第十二（尊敬法身）············· 025
13. 如法受持分第十三（无相智慧）············· 027
14. 离相寂灭分第十四（真如离相）············· 029
15. 持经功德分第十五（无相为真）············· 033
16. 能净业障分第十六（不可思议）············· 035
17. 究竟无我分第十七（无我是真）············· 037
18. 一体同观分第十八（以一应万）············· 041
19. 法界通化分第十九（福德无相）············· 043

20. 离色离相分第二十（无形无相）	045
21. 非说所说分第二十一（善巧方便）	047
22. 无法可得分第二十二（没有法才是真法）	049
23. 净心行善分第二十三（干净的心在做事）	051
24. 福智无比分第二十四（福德无量）	053
25. 化无所化分第二十五（本性自救）	055
26. 法身非相分第二十六（法身无相）	057
27. 无断无灭分第二十七（法相也不能否定）	059
28. 不受不贪分第二十八（无心受用）	061
29. 威仪寂静分第二十九（无来无去）	063
30. 一合理相分第三十（道性物质）	065
31. 知见不生分第三十一（无知见）	067
32. 应化非真分第三十二（有为非真）	069

第二部分：无为法修行 ········· 071

序言：炼己 ········· 073

一、明心见性 ········· 075

第一，心性 ········· 075

1. 心为人丹 ········· 075
2. 性是天生 ········· 075
3. 自性真我 ········· 075
4. 心性的关系 ········· 076

5. 修道就是修心性 …………………………………… 076
6. 涤阴转阳 …………………………………………… 077
第二，修心性 …………………………………………… 077
1. 觉察人心 …………………………………………… 077
2. 扶助自心 …………………………………………… 077
3. 元神当家 …………………………………………… 078
4. 净化潜意识 ………………………………………… 078
5. 鉴而不纳 …………………………………………… 079
6. 放下人心 …………………………………………… 079
7. 畏惧因果 …………………………………………… 080
第三，吕祖说心性 ……………………………………… 080
第四，自性法身 ………………………………………… 083
1. 尽性了命 …………………………………………… 083
2. 自主性命 …………………………………………… 084
二、尊道贵德 …………………………………………… 085
1. 道德 ………………………………………………… 085
2. 上德 ………………………………………………… 086
3. 阴德 ………………………………………………… 086
4. 玄德 ………………………………………………… 086
5. 有德之性 …………………………………………… 087
6. 以德才能证道 ……………………………………… 087
7. 九鼎炼心 …………………………………………… 087

三、生死轮回 …………………………………… 088
　1. 轮回 …………………………………………… 088
　2. 生死唯识 ……………………………………… 089
　3. 轮回来自不悟本心 …………………………… 090
　4. 断轮回 ………………………………………… 091
　5. 一点灵光的历史 ……………………………… 092
　6. 无限的轮回 …………………………………… 093
　7. 跳出轮回必须见本性 ………………………… 094

四、先天一炁 …………………………………… 095
　1. 道是虚无生一炁 ……………………………… 095
　2. 一点圣光，本朴之心 ………………………… 096
　3. 阳爻"一" …………………………………… 096
　4. 先天一炁是精微能量 ………………………… 097
　5. 先天一炁造就生命 …………………………… 098
　6. 先天一炁的精神体：一圣神 ………………… 099
　7. 先天一炁的师父：太乙救苦天尊 …………… 100

五、性命双修 …………………………………… 101
　1. 性命的概念 …………………………………… 101
　2. 性命的关系 …………………………………… 101
　3. 性命与身心 …………………………………… 102
　4. 性命合金丹成 ………………………………… 103
　5. 全自动化的 …………………………………… 103

六、真传 …………………………………………… 104
　1. 法相 …………………………………………… 104
　2. 法相现，先天能量成真 ……………………… 104
　3. 四方面综合验证 ……………………………… 104
　4. 最上一乘成圣道果 …………………………… 105
　5. 四门类旁门左道 ……………………………… 106
七、得性见金丹 …………………………………… 106
　1. 一炁 …………………………………………… 106
　2. 阴阳 …………………………………………… 107
　3. 三家相见 ……………………………………… 108
　4. 和合四象 ……………………………………… 109
　5. 五气朝元 ……………………………………… 110
　6. 卯酉周天 ……………………………………… 111
八、元精发动 ……………………………………… 112
　1. 先天一气水中金 ……………………………… 112
　2. 凡精元精的区别 ……………………………… 113
　3. 自然发生 ……………………………………… 113
　4. 如何吃电 ……………………………………… 113
　5. 元精的象 ……………………………………… 114
　6. 开天门 ………………………………………… 114
　7. 两重天地 ……………………………………… 116
　8. 神通与附体 …………………………………… 116

9. 警惕阴神 …………………………………………… 117
九、元神育成 ………………………………………… 118
1. 水中金既是道心 …………………………………… 118
2. 灵液真水 …………………………………………… 118
3. 元神炼丹 …………………………………………… 119
4. 元神的三大因素 …………………………………… 120
（1）元神的智慧 …………………………………… 121
（2）元神的能量 …………………………………… 121
（3）元神的生化之机 ……………………………… 123
5. 玄关养元神 ………………………………………… 124
（1）玄关概念 ……………………………………… 124
（2）见性开玄关 …………………………………… 125
（3）顿法 …………………………………………… 125
（4）胎息即天光 …………………………………… 126
（5）玄关内的法财侣地 …………………………… 127
（6）大周天 ………………………………………… 129
十、脱胎 ……………………………………………… 130
1. 三昧真火 …………………………………………… 130
2. 能量足了自然脱胎 ………………………………… 131
3. 移炉换鼎 …………………………………………… 131
4. 法身摩尼珠 ………………………………………… 131
5. 法身应天星 ………………………………………… 132

十一、合道 …………………………………………… 133
　1. 登太极 …………………………………………… 133
　2. 真空炼形 ………………………………………… 135
　3. 阳神出现 ………………………………………… 135
　4. 粉碎虚空 ………………………………………… 137
　5. 本性佛验证 ……………………………………… 137

大智慧之心

西王母天丝被罩

《金刚经》所说的
菩萨道及其修行

道德经艺术馆一楼大厅

第一部分
读《金刚经》心得

大智慧之心

道德经艺术馆：北京通州宋庄艺术工厂路B区

《金刚经》所说的
菩萨道及其修行

金刚般若波罗蜜经
姚秦天竺三藏法师鸠摩罗什译

法会因由分第一

（讲法的缘起）

如是我闻，一时，佛在舍卫国祇树给孤独园，与大比丘众，千二百五十人俱。尔时，世尊食时，著衣持钵，入舍卫大城乞食。于其城中。次第乞已，还至本处，饭食讫，收衣钵，洗足已，敷座而坐。

金刚般若波罗蜜经：金刚比喻自性本心，金，矿中金性，去矿留金，金性永恒。肉身是矿，法身是不灭之金性。般若，智慧。波罗蜜，到彼岸，圆满境界。经，路径，从摆脱痛苦走向幸福的路径。

姚秦，三藏法师，鸠摩罗什：姚秦，魏晋时代。三藏法师是显示译经人的道德、学问，有三藏这样的学历，才有资格翻经。三藏指经、律、论。经藏，定学；律藏，戒学；论藏，慧学。法师，依三藏修行，讲法的人。鸠摩罗什，印度法师，直译寿童，婴儿法身成就者，才可能准确的翻译《金刚经》。

大智慧之心

第一节的重点是：著衣持钵，入舍卫大城。佛祖在该吃饭的时候，和其他人一样，拿着钵去化斋，表示"至人只是常"。一个得道的人，只是个平常人。显示法术异能的所谓的大师，都是没得道的。

敷座而坐：指的是禅坐。人坐下不动，法身动。人无为，法身无不为叫禅坐。那种坐下入静，进入某种境界，不叫禅坐。

《本性即佛》麻布油画，120×120cm

《金刚经》所说的菩萨道及其修行

善现启请分第二

（当场示现）

时。长老须菩提在大众中即从座起，偏袒右肩，右膝著地，合掌恭敬，而白佛言："希有！世尊！如来善护念诸菩萨，善付嘱诸菩萨。世尊！善男子、善女人发阿耨多罗三藐三菩提心，应云何住？云何降伏其心？"

佛言："善哉！善哉！须菩提，如汝所说，如来善护念诸菩萨，善付嘱诸菩萨。汝今谛听，当为汝说。善男子、善女人发阿耨多罗三藐三菩提心，应如是住，如是降伏其心。"

"唯然。世尊！愿乐欲闻。"

第二节的重点是：如来善护念诸菩萨，大觉悟者，慈心众生。有法身的人叫菩萨。如来，本性之光，加持菩萨的法身心灵之光。如来善护念诸菩萨，是光的交流与互动。阿耨多罗，无上之意，也就是太上，最高的意思。三藐三菩提，正等正觉。正确知道一切的觉者，大彻大悟大智慧。正言、正行和宇宙正能量融合为一，把历史空间的信息和能量激活，开启你心灵历劫的大智慧。佛教育菩

大智慧之心

萨,佛是"无上",菩萨还是"有上"。菩萨只证得了正等,还没有达到无上。"如是"即当下,降服妄想的方法是回到当下,也是真正的禅定。佛用回到当下来示范如何降服妄心,但是听者并没有理解。

《观音显圣》120×90cm

《金刚经》所说的
菩萨道及其修行

大乘正宗分第三

（大乘无相）

佛告须菩提："诸菩萨摩诃萨应如是降伏其心：所有一切众生之类，若卵生、若胎生、若湿生、若化生、若有色、若无色、若有想、若无想、若非有想非无想，我皆令入无余涅槃而灭度之。如是灭度无量、无数、无边众生，实无众生得灭度者。何以故？须菩提，若菩萨有我相、人相、众生相、寿者相，即非菩萨。

第三节的重点是：大乘无相。须菩提和诸菩萨都没明白什么是回到当下。佛说让无量众生解脱，无余涅槃，指消除了烦恼、无明后的精神境界。了生脱死，众苦永寂。但是看不见，有形的什么也没做，佛的法身在无形中已经做了很多。救度是在无相中完成的，如果用自己的有相之身，救度众生的有相之身，众生就无法得度，也无法降伏其心。如果还有诸相住心，就没有证到佛性法身的菩萨境界，所以即非菩萨。

大智慧之心

《吹笛观音》麻布油画，200×150cm

《金刚经》所说的
菩萨道及其修行

妙行无住分第四

（法身布施）

复次，须菩提，菩萨于法应无所住行于布施，所谓不住色布施，不住声、香、味、触、法布施。须菩提，菩萨应如是布施，不住于相。何以故？若菩萨不住相布施，其福德不可思量。须菩提，于意云何，东方虚空可思量不？不也。世尊！须菩提，南西北方、四维、上下虚空可思量不？不也。世尊！须菩提，菩萨无住相布施福德，亦复如是不可思量。须菩提，菩萨但应如所教住。

第四节的重点是：不住相布施。福德不可思量，指真德、玄德、上德。这种德启动了佛性，育成了法身，法身去建立功德。法身是在付出中得到的，是舍后得的，不舍不得。有形的舍不够，必须是无形的舍才是法身无为。

不住相布施，不存在布施者之心，也不存在受施者之心，更不存在布施物之相，叫无相施者。有相布施还是人心层面的，无相布施是对人灵魂层面的帮助。法身分出无量分身，到无边的虚空各处，做无相布施，所建的福德像虚空一样大得不可思量。有

009

大智慧之心

相施舍建福慧之阳德，无相施舍才能建玄德。不过有相布施对破除小我、建立大我还是有帮助的。有相布施用在印经书上，用经书中的无相智慧，文字信息中的法身，使读者及其身上、身边的无量众生彻底解脱烦恼痛苦，进入快乐清净的境界，也等于是无相布施。这就是印经、讲经的功德。

《紫金丹》麻布油画，120×90cm

《金刚经》所说的
菩萨道及其修行

如理实见分第五

（现实中验证）

须菩提，于意云何，可以身相见如来不？不也，世尊！不可以身相得见如来。何以故？如来所说身相即非身相。佛告须菩提："凡所有相，皆是虚妄，若见诸相非相，即见如来。"

第五节的重点是：以身相见如来。身相是佛的肉身之相，三十二相也是佛的肉身显示的相，肉身是假相，不要认为天眼见了佛的肉身形象，就以为见到本真的佛了，只有你自己的法身可以无为、无不为地做事了，肉眼、天眼所见诸相全无，但是有事实来验证，那是你本真佛性的显现。这就是"若见诸相非相，即见如来"。

大智慧之心

《时尚观音》麻布油画，150×120cm

《金刚经》所说的
菩萨道及其修行

正信希有分第六

（能自然才是真信）

　　须菩提白佛言："世尊！颇有众生，得闻如是言说章句，生实信不？"佛告须菩提："莫作是说！如来灭后，后五百岁，有持戒修福者，于此章句，能生信心，以此为实，当知是人，不于一佛、二佛、三四五佛而种善根，已于无量千万佛所种诸善根。闻是章句，乃至一念生净信者，须菩提，如来悉知悉见，是诸众生得如是无量福德。何以故？是诸众生，无复我相、人相、众生相、寿者相，无法相亦无非法相。何以故？是诸众生，若心取相，则为著我、人、众生、寿者；若取法相。即著我人、众生、寿者。何以故？若取非法相，即著我、人、众生、寿者。是故，不应取法，不应取非法。以是义故，如来常说："汝等比丘，知我说法，如筏喻者，法尚应舍，何况非法。"

　　第六节的重点是：真信就是种善根，善是魂，魂的根源是道

大智慧之心

光。真信既是元神、元气,就增长心灵之光,真信就是道光德能回归路,一念真信就与本性道光链接,如来就是本性之光,所以如来悉知悉见。种善根就是养法身心灵之光,善根是视之不见,听之不闻的,是无相的。

真信的人是简单自然的上德之人,没有相,也没有法。得无量福德,就是玄德法身。自然才能得真道,自然就是一,人和宇宙道光合一。无数的人抱着人心修道,只有洗净了人心,回归无法无相的自然,才能得真。有相就有非相,有法就有非法,有相有法还是在人心二元层面,就不是真信元神,就见不到如来,即不自然的都无法得真。

《金刚经》所说的
菩萨道及其修行

无得无说分第七

（无为法是唯一的正路）

须菩提，于意云何，如来得阿耨多罗三藐三菩提耶？如来有所说法耶？须菩提言："如我解佛所说义，无有定法名阿耨多罗三藐三菩提，亦无有定法如来可说，何以故？如来所说法，皆不可取，不可说，非法，非非法。所以者何？一切贤圣，皆以无为法而有差别。"

第七节的重点是：无为法。阿耨多罗，至高无上。三藐三菩提，正等正觉。正确地知道一切的大觉者，至高无上的圆满智慧。他是道体之一，万事万物都为道所生，万物都是道的显化。得一万事毕，一可以随缘应万，所以是没有一个固定的法可持。有为的用任何一个法都无法得道。道法自然，自然是最高的智慧，你只有放下，让自己真正的平常、自然，才有得真的机会。有为的阳性的静了，阴性的能量层面才会发生，只有无为法可以培养圣贤。

大智慧之心

《长生之子》麻布油画，120×90cm

《金刚经》所说的
菩萨道及其修行

依法出生分第八

（法身度灵）

须菩提，于意云何，若人满三千大千世界七宝以用布施，是人所得福德。宁为多不？须菩提言："甚多。世尊！何以故？是福德即非福德性，是故如来说福德多。"若复有人，于此经中，受持乃至四句偈等，为他人说，其福胜彼。何以故？须菩提，一切诸佛及诸佛阿耨多罗三藐三菩提法，皆从此经出。须菩提，所谓佛法者，即非佛法。

第八节的重点是：用可计量的有相布施，得的是阳德，不是大乘佛法的自性智慧。自性智慧所建的是无量的无相玄德。如果人能心领神会，行之于身，把自己的体会讲给人听，所得的福德胜过无数珠宝的布施。

成佛和大智慧佛法都是出于此经，印经、讲经就可以积功德。肉身不会涉及功，功是法身的能量与能力。法身是在付出后得到良性的反馈而建的功德，福德性、自性智慧不是一个空的思想，是道光德能，是度众生的灵魂离苦得乐的高能量，所以法身才是真法船，才能度人。

大智慧之心

《托钵菩萨》麻布油画，150×120cm

《金刚经》所说的
菩萨道及其修行

一相无相分第九

（离相离欲）

　　须菩提，于意云何，须陀洹能作是念"我得须陀洹果"不？须菩提言："不也，世尊！何以故？须陀洹名为入流，而无所入，不入色、声、香、味、触、法，是名须陀洹。"须菩提，于意云何，斯陀含能作是念"我得斯陀含果"不？须菩提言："不也，世尊！何以故？斯陀含名一往来，而实无往来，是名斯陀含。"须菩提，于意云何，阿那含能作是念"我得阿那含果"不？须菩提言："不也，世尊！何以故？阿那含名为不来，而实无不来，是故名阿那含。"须菩提，于意云何，阿罗汉能作是念"我得阿罗汉道"不？须菩提言："不也！世尊！何以故？实无有法名阿罗汉。世尊！若阿罗汉作是念：'我得阿罗汉道。'即为著我、人、众生、寿者。世尊！佛说我得无诤三昧，人中最为第一，是第一离欲阿罗汉。我不作是念：'我是离欲阿罗汉。'世尊！我若作是念：'我得阿罗汉道。'世尊则不说须菩提是乐阿兰那行者，以须菩提实无所行，而名须菩提是乐阿兰那行。"

大智慧之心

　　第九节的重点：须陀洹、斯陀含、阿那含、阿罗汉是小乘的四个级别。对色声香味触法达到无所住的境界，是初乘。斯陀含二乘是往来果，阿那含三乘是不来果。形身不来，法身无处不去。法身育成，死后再不来欲界受生，永远解脱了受生之苦。阿罗汉，断尽三界诸烦恼，不再受生三界。证到哪一步了也不能那样想，才是做到了离相。

　　无诤三昧：无胜负心，无争斗心，念念常正。比阿罗汉更高一级，是离欲的中性人，无漏通修成的。所以，禅定不是表面的形式，而是心灵得了无诤三昧，身体得了阴阳混一之中性。行无为法，无欲、无念、无妄的无相境界。无为而入定，只有证得了此境界，才能入三昧之定境，进入佛的智慧境界，观得众妙真相。

　　乐阿兰那行：永断我执，无诤清净之行。清净无争是智慧的升华，无什么所行，只是名为须菩提是无诤清净之行。无诤三昧是证了大乘菩萨道的标准，永断我执，无诤清净之行是得无诤三昧的关键。识神退位了，人的身心被彻底改造了，才能入道。

《金刚经》所说的
菩萨道及其修行

庄严净土分第十

（清净快乐之境）

佛告须菩提："于意云何，如来昔在然灯佛所，于法有所得不？"不也，世尊！如来在然灯佛所，于法实无所得。须菩提，于意云何，菩萨庄严佛土不？不也。世尊！何以故？庄严佛土者，即非庄严，是名庄严。是故，须菩提，诸菩萨摩诃萨应如是生清净心：不应住色生心，不应住声、香、味、触、法、生心。应无所住而生其心。须菩提，譬如有人。身如须弥山王，于意云何，是身为大不？须菩提言："甚大，世尊！"何以故？佛说非身，是名大身。

第十节的重点是：对法怎么看。菩萨信奉佛的智慧，一切都是无为无相而做的。看不到有相的庄严，只是叫庄严而已。无烦恼、无争斗、无痛苦的清净智慧之心，是离欲离相才能升起的，所谓的无住生心。佛所说的大身，是无相的法身，慈悲心一动，事实就已经发生。可以是为一个人消除阴气业力，也可以是为自然环境消除雾霾。大小、智慧是无可计量的，只是一颗虚无的心，是自

大智慧之心

然本心的本善慈悲，当然是无相的，只是叫大身的名字而已。这个慈悲心就是与道合一的其大无外、其小无内的纯阳高能量场，转化一切阴气，也就化解了一切灾难。

用这样那样的法，举行庄严的仪式想得大智慧之清净心，都是不可能的。自然无为，一切无所住而生清净智慧之心，心灭景无侵，法身主领修行，建无量功德，就能证得像须弥山一样高大的法身，是智慧无边的大乘菩萨道。摆脱一切干扰，永远清净快乐。

《泥丸夫人》麻布油画，200×150cm

无为福胜分第十一

（法身建玄德）

须菩提，如恒河中所有沙数，如是沙等恒河，于意云何，是诸恒河沙宁为多不？须菩提言："甚多。世尊！但诸恒河，尚多无数，何况其沙？"须菩提，我今实言告汝，若有善男子、善女人，以七宝满尔所恒河沙数三千大千世界，以用布施，得福多不？须菩提言："甚多。世尊！"佛告须菩提："若善男子、善女人，于此经中，乃至受持四句偈等，为他人说，而此福德，胜前福德。"

第十一节重点：有相布施，只能救人之身、救人之急，不能从根本上救人，叫有漏福德。只是给自己和子孙增加了富贵之德。如果用佛的智慧明人之心、觉人之性，性觉而自动回归。元神唤醒了，全自动化的回归之路开启，才是根本度人之举，其所建的福德是无相、无量、无漏的福德，是佛说的福德性，只有这种真德、上德才能使自己和他人得大乘菩萨道，永远解脱。有相布施，求佛保佑，不如觉悟本性大智慧，金丹之道光将历劫的负面信息彻底根除，才是消灾避难的大法。

大智慧之心

《长生课堂》麻布油画，130×90cm

《金刚经》所说的
菩萨道及其修行

尊重正教分第十二

（尊敬法身）

复次，须菩提，随说是经，乃至四句偈等，当知此处，一切世间天、人、阿修罗皆应供养，如佛塔庙。何况有人尽能受持读诵？须菩提，当知是人，成就最上第一希有之法。若是经典所在之处，即为有佛，若尊重弟子。

第十二节的重点是：供养经书。《金刚经》的四句偈是"一切有为法，如梦幻泡影，如露亦如电，应作如是观"。有为法是人道，无为法是天道。一切灵性生命都会像供养佛塔庙一样尊重《金刚经》和四句偈，只有人的本性被蒙蔽，还不如鬼知道真假。没有肉身的灵性生命世界都懂得唯有道光能使其得到救度。光就是佛的法身，有经书的地方，就有佛的法身。昏聩的人啊，何时才能比鬼明白一点！

大智慧之心

《人体黄金》麻布油画，120×90cm

《金刚经》所说的
菩萨道及其修行

如法受持分第十三

（无相智慧）

　　尔时，须菩提白佛言："世尊！当何名此经？我等云何奉持？"佛告须菩提："是经名为'金刚般若波罗蜜'，以是名字，汝当奉持。所以者何？"须菩提，佛说般若波罗蜜，即非般若波罗蜜。是名般若波罗蜜。须菩提，于意云何，如来有所说法不？须菩提白佛言："世尊！如来无所说。"须菩提，于意云何，三千大千世界所有微尘是为多不？须菩提言："甚多。世尊！"须菩提，诸微尘，如来说非微尘，是名微尘。如来说世界，非世界，是名世界。须菩提，于意云何，可以三十二相见如来不？不也。世尊！不可以三十二相得见如来。何以故？如来说三十二相，即是非相，是名三十二相。须菩提，若有善男子、善女人，以恒河沙等身命布施；若复有人，于此经中，乃至受持四句偈等，为他人说，其福甚多。

大智慧之心

　　第十三节重点是：无相智慧。须菩提在用佛的思维逻辑说话，肯定了又否定。这是让人从二元对立回归到一，从识神回到整体的元神本性。金刚般若波罗蜜，凭着金刚不坏之身和无上智慧，到达苦海的彼岸，得以解脱。没有有相的彼岸，是用经中的智慧除去妄心痛苦，大彻大悟，到达心明、性见、返璞归真的清净快乐境界。人在有相世界，看不到生命的真相，有了佛光智慧，就有能力通三界、出三界。看到生命的本真，来到生命的大整体，看到眼前的小事就很容易不执著。

　　三千大千世界和微尘是一个无限大和无限小的对比，这说的就是道光，大到包含宇宙万物，小到可以渗透到万物最小的细胞中。三十二相是佛智慧圆满呈现的福智之象，不是佛的无相智慧法身。三十二相不是佛的真如之相，即是非相。世世代代的有相布施，也不如用经中的智慧度人觉悟本性伟大。

《金刚经》所说的
菩萨道及其修行

离相寂灭分第十四

（真如离相）

　　尔时，须菩提闻说是经，深解义趣，涕泪悲泣而白佛言："希有！世尊！佛说如是甚深经典，我从昔来所得慧眼，未曾得闻如是之经。世尊！若复有人得闻是经，信心清净，则生实相。当知是人成就第一希有功德。世尊！是实相者，即是非相，是故如来说名实相。世尊！我今得闻如是经典，信解受持不足为难。若当来世后五百岁，其有众生得闻是经信解受持，是人即为第一希有。何以故？此人无我相、人相、众生相、寿者相。所以者何？我相，即是非相；人相、众生相、寿者相，即是非相。何以故？离一切诸相，即名诸佛。佛告须菩提："如是，如是。若复有人，得闻是经，不惊、不怖、不畏，当知是人，甚为希有。何以故？须菩提，如来说第一波罗蜜，即非第一波罗蜜，是名第一波罗蜜。须菩提，忍辱波罗蜜，须菩提，忍辱波罗蜜，如来说非忍辱波罗蜜。何以故？须菩提，如我昔为歌利王

大智慧之心

割截身体，我于尔时，无我相、无人相、无众生相、无寿者相。何以故？我于往昔节节支解时，若有我相、人相、众生相、寿者相，应生嗔恨。须菩提，又念过去于五百世作忍辱仙人，于尔所世，无我相、无人相、无众生相、无寿者相。是故，须菩提，菩萨应离一切相发阿耨多罗三藐三菩提心。不应住色生心，不应住声、香、味、触、法生心，应生无所住心。若心有住，即为非住。是故，佛说：'菩萨心不应住色布施。'须菩提，菩萨为利益一切众生，应如是布施。如来说一切诸相，即是非相，又说一切众生，即非众生。须菩提，如来是真语者、实语者、如语者、不诳语者、不异语者。须菩提，如来所得法，此法无实无虚。须菩提，若菩萨心住于法而行布施，如人入暗，即无所见；若菩萨心不住法而行布施，如人有目，日光明照，见种种色。须菩提，当来之世，若有善男子、善女人，能于此经，受持读诵，即为如来以佛智慧悉知是人，悉见是人，皆得成就无量无边功德。"

　　第十四节的重点是：信心清净、则生实相。真信、明理，去掉妄想，做个自然清净的人，就可以显示出来本有的真如佛性，

达到佛智慧的某一个境界,领悟智慧境界中的妙生妙有。这个无相智慧是无相中的实有真相。我相、人相、众生相都不是永恒的真如本性之相,真如法身是离一切相的。

离相即可解脱,当疼痛发生的时候,空静就离开了疼痛。离开情绪,离开感受,回到本性的自在,一切都会归于和谐完美。读了《金刚经》心生欢喜,那是已经证得了无相智慧,可以和佛的智慧沟通的人。

"菩萨为利益一切众生故",法身是救度众生的,所以发成就大智慧之心,不是为自己的,是为众生奉献的,发了这个大愿就是开秘玄关,得到和玄中师父沟通的秘密联系。每个人的本性真身,都是成就的师父亲理火候的。这个菩提心是远离后天欲望之心,布施也是发生在无形中的。佛反复强调的是"离一切诸相,即名诸佛"。这是真实的,能到离相智慧,体验无中生妙有的境界,就知道佛说的都是大实话。

有相布施就像瞎子,只是看到一个点,也许是犯了错误。无相布施,可以看到全体,做的事情不会错。能按《金刚经》说的无相智慧,在生活中实践,就会随时得到大道的帮助,成就法身无边的功德。

大智慧之心

《金丹大道》麻布油画，100×100cm

《金刚经》所说的
菩萨道及其修行

持经功德分第十五

（无相为真）

须菩提，若有善男子、善女人，初日分以恒河沙等身布施，中日分复以恒河沙等身布施，后日分亦以恒河沙等身布施。如是无量百千万亿劫以身布施。若复有人闻此经典，信心不逆，其福胜彼。何况书写、受持读诵、为人解说？须菩提，以要言之，是经有不可思议、不可称量、无边功德。如来为发大乘者说，为发最上乘者说。若有人能受持读诵，广为人说，如来悉知是人，悉见是人，皆得成就不可量、不可称、无有边、不可思议功德。如是人等，即为荷担如来阿耨多罗三藐三菩提。何以故？须菩提，若乐小法者，著我见、人见、众生见、寿者见，则于此经，不能听受读诵，为人解说。须菩提，在在处处若有此经，一切世间天、人、阿修罗所应供养。当知此处则为是塔，皆应恭敬，作礼围绕，以诸华香，而散其处。

大智慧之心

第十五节的重点是：无相为真。如果有相布施，千万亿劫，比恒河沙多的布施，也比不过经中的一点无相法身，有相之假和无相之真无法相比。因为无相法身做的功德是无量的，如来是给最上乘的人讲的，如果相信最上乘大智慧之心，还给别人解说无上道，如来的法身就已经在他身边加持了。小乘的我相，自己解脱，为他人解脱，都是在识神的基础上修的，所以有我见、人见、众生见。大乘的大慈悲心是无我的，是从识神中解脱出来的自然之心的自然运作。

"荷担"是修成的意思。大乘的大慈悲心修出成的人，看到一个人心脏正在疼痛，什么也没想，什么也没做，但是膏肓穴突然疼一会儿，那个发心脏病的人就好了。自然无为地把业力背过来，那个人就恢复了正常。大道是无限的正能量，你的心与大道和谐为一了，你只是一个媒介，大道正能量会借你的身体做善事。

小乘是看不懂大乘无为法的，有经书的地方就有众生在供养，相信大乘的人受持、读诵、广为人说，有经书的地方就视同有佛在，要用鲜花清新的香气供养，因为真身活生生地在。

《金刚经》所说的菩萨道及其修行

能净业障分第十六

（不可思议）

复次，须菩提，善男子、善女人受持读诵此经。若为人轻贱，是人先世罪业应堕恶道，以今世人轻贱故，先世罪业则为消灭，当得阿耨多罗三藐三菩提。须菩提，我念过去无量阿僧祇劫，于然灯佛前，得值八百四千万亿那由他诸佛，悉皆供养承事，无空过者。若复有人，于后末世，能受持读诵此经，所得功德，于我所供养诸佛功德，百分不及一，千万亿分、乃至算数譬喻所不能及。须菩提，若善男子、善女人，于后末世，有受持读诵此经，所得功德，我若具说者，或有人闻，心即狂乱，狐疑不信。须菩提，当知是经义不可思议，果报亦不可思议。

第十六节的重点是：经义不可思议，果报也不可思议。第一，能消除无始以来的罪业；第二，比佛供养上亿的佛所得功德还多；第三，说出真相会把人心吓坏了。从人心的角度是很难理

大智慧之心

解《金刚经》所说的世界，那是从人的元神角度说的时间、空间的巨大能量世界。福缘薄、慧根浅的人，不会相信《金刚经》所说的生命的智慧境界。只有慧根深厚、福德广大的人，才会相信、受持、体验《金刚经》所说的不可思议的境界。

《道德经》麻布油画，100×80cm

《金刚经》所说的
菩萨道及其修行

究竟无我分第十七

（无我是真）

尔时，须菩提白佛言："世尊！善男子、善女人发阿耨多罗三藐三菩提心，云何应住？云何降伏其心？"佛告须菩提："善男子、善女人，发阿耨多罗三藐三菩提心者，当生如是心：'我应灭度一切众生，灭度一切众生已，而无有一众生实灭度者。'"何以故？须菩提，若菩萨有我相、人相、众生相、寿者相，即非菩萨。所以者何？须菩提，实无有法，发阿耨多罗三藐三菩提心者。须菩提，于意云何，如来于然灯佛所，有法得阿耨多罗三藐三菩提不？不也，世尊！如我解佛所说义，佛于然灯佛所，无有法得阿耨多罗三藐三菩提。佛言："如是，如是。"须菩提，实无有法，如来得阿耨多罗三藐三菩提。须菩提，若有法如来得阿耨多罗三藐三菩提者，然灯佛则不与我授记："汝于来世，当得作佛，号释迦牟尼。"以实无有法得阿耨多罗三藐三菩提，是故然灯佛与我授记，作是言："汝于来世，当得作佛，号释迦牟尼。"何

大智慧之心

以故？如来者，即诸法如义。若有人言："如来得阿耨多罗三藐三菩提。"须菩提，实无有法，佛得阿耨多罗三藐三菩提。须菩提，如来所得阿耨多罗三藐三菩提，于是中无实无虚。是故，如来说："一切法皆是佛法。"须菩提，所言一切法者，即非一切法，是故名一切法。须菩提，譬如人身长大。须菩提言："世尊！如来说人身长大，即为非大身，是名大身。"须菩提，菩萨亦如是，若作是言："我当灭度无量众生。"即不名菩萨。何以故？须菩提，实无有法，名为菩萨。是故，佛说一切法无我、无人、无众生、无寿者。须菩提，若菩萨作是言："我当庄严佛土。"是不名菩萨。何以故？如来说庄严佛土者，即非庄严，是名庄严。须菩提，若菩萨通达无我法者，如来说名真是菩萨。

第十七节的重点是：无我无相才是真。"菩提心"指的是真心，这个真心若不是死而后生、绝处逢生被逼到了极点，是很难发出来的。那种要解脱、要度人都是后天意识的假慈悲心。这个心最难降服，只有真心才能降服人心和一切妖魔鬼怪。真心又无形无相、无实无虚，只有自修自证，没有一个方法，但是一切生活中的万物都是真心的显化。所有活的灵性生命都是在修道，有形式的修道不一定是真。

《金刚经》所说的菩萨道及其修行

"大身"指无量的大道能量,如果还着相是后天的状态,就不是真菩萨,能通达无为法才是真菩萨。无我、无相指后天意识的有静下来,先天元神的虚无,承载着大道能量,作为被老天利用的道器,替天行道。自然发生了就是天意,大道能量只是顺其自然,而不会听人心的指挥。

《老子》麻布油画,120×90cm

大智慧之心

《师父》麻布油画，100×90cm

《金刚经》所说的
菩萨道及其修行

一体同观分第十八

（以一应万）

须菩提，于意云何，如来有肉眼不？如是。世尊！如来有肉眼。须菩提，于意云何，如来有天眼不？如是。世尊！如来有天眼。须菩提，于意云何，如来有慧眼不？如是。世尊！如来有慧眼。须菩提，于意云何，如来有法眼不？如是。世尊！如来有法眼。须菩提，于意云何，如来有佛眼不？如是。世尊！如来有佛眼。须菩提，于意云何，恒河中所有沙，佛说是沙不？如是。世尊！如来说是沙。须菩提，于意云何，如一恒河中所有沙，有如是沙等恒河，是诸恒河所有沙数佛世界，如是宁为多不？甚多。世尊！佛告须菩提："尔所国土中，所有众生，若干种心，如来悉知。何以故？如来说诸心，皆为非心，是名为心。所以者何？须菩提，过去心不可得，现在心不可得，未来心不可得。"

大智慧之心

　　第十八节重点：佛的五眼是人的心灵之光成长的层次。不能化生的魂魄得了先天一炁，魂为阳神主天眼；魄为阴神主慧眼；阴神、阳神合一的元神主法眼；玉神主肉眼；圣神主佛眼。五眼之间有联系，肉眼通了以后，其他五眼才会循环为一，才会看到一切众生的心。普通人也可以有肉眼的先天功能，也可以看无形，但那不是佛眼，没有智慧，能看不能行动。佛眼是心灵的眼睛，是大智慧的能量，看到坏的能把它转化好，看了不白看，是可以转化一切的高能量。练出来的和不练就有的天眼，是阴气或附体，开了大智慧修出的五眼是佛，妖和佛有天壤之别，不要混淆了。

　　过去心、现在心、未来心都不是真心，而是因物质的变化而生灭变化的妄心，不能持久，还与真心相悖。修到五眼通的境界，可以识别一切非心。

《金刚经》所说的
菩萨道及其修行

法界通化分第十九

（福德无相）

须菩提，于意云何，若有人满三千大千世界七宝以用布施，是人以是因缘，得福多不。如是。世尊！此人以是因缘，得福甚多。须菩提，若福德有实，如来不说得福德多；以福德无故，如来说得福德多。

第十九节的重点是：福德无相。如来不说得福德多，大智慧的成就是无迹象的，凡是有形迹的福德实有者，就不是真福德。布施了财宝的人，大舍之后，财富变弱了，反也者道之动，弱也者道之用，变弱了就容易得到大道的帮助。凡是得到道的帮助的人，就会避免灾害、聚集财富，这就是福缘。但是，有相布施是有行迹的，不是玄德的福德性，不能成为度众生的法船，所以不是真福德。玄德是元神的能量在无形中化生的，是在法界运行，而不是在物质空间直接显示的，是有相中透露出来无形的能量运作。

大智慧之心

《见素抱朴》麻布油画，120×120cm

《金刚经》所说的
菩萨道及其修行

离色离相分第二十

（无形无相）

须菩提，于意云何，佛可以具足色身见不？不也。世尊！如来不应以具足色身见。何以故？如来说具足色身，即非具足色身，是名具足色身。须菩提，于意云何，如来可以具足诸相见不？不也。世尊！如来不应以具足诸相见。何以故？如来说诸相具足，即非具足，是名诸相具足。

第二十节的重点是：法身佛是无形无相的。具足色身指肉身，具足诸相是在虚像世界看到的佛的化身，这些并不是永生的智慧之法身，有相即有生灭，法身是不生不灭的。具足色身、具足诸相，都是佛在借假修真，是修行过程中某一个表象，而不是真如实相。本性佛像在佛上我身、我上佛身，最后法身化成仙佛的像去做功，这些都只是验证的过程，都不是如来。当这一切验证都经历过了，简单自在地活着，慈悲心一动就会循声救度，无形无相却发生了事实。

045

大智慧之心

至人只是常，特异的人未必得道，更不能认其肉身是佛，圆满的功德智慧不是表象的，是无形无相的。

《无名之朴》麻布油画，120×120cm

《金刚经》所说的
菩萨道及其修行

非说所说分第二十一

（善巧方便）

须菩提，汝勿谓如来作是念："我当有所说法。"莫作是念！何以故？若人言："如来有所说法。"即为谤佛，不能解我所说故。须菩提，说法者无法可说，是名说法。尔时，慧命须菩提白佛言："世尊！颇有众生于未来世，闻说是法，生信心不？"佛言："须菩提，彼非众生，非不众生。"何以故？须菩提，众生众生者，如来说非众生，是名众生。

第二十一节的重点是：众生原本是佛，只是被后天贪欲的暗昧蒙住了本来的真明。众生还未修得圆满成佛，暂时叫众生。说法者无法可说，佛是用智慧醒悟发菩提心者的本性，剥离裹在本性外表的种种暗昧，使其复明归元。智慧没有一个固定的法，一切都是善巧方便。

大智慧之心

《先天一炁》麻布油画，200×180cm

《金刚经》所说的
菩萨道及其修行

无法可得分第二十二

（没有法才是真法）

须菩提白佛言："世尊！佛得阿耨多罗三藐三菩提，为无所得耶？"佛言："如是，如是。"须菩提，我于阿耨多罗三藐三菩提，乃至无有少法可得，是名阿耨多罗三藐三菩提。

第二十二节的重点是：佛修成至高无上的大智慧，一点点法也没得，因为佛是把这个圆满的境界叫大智慧。"无所得"指的是后天有形有相的东西，脱离了后天，是无为无相中得的，所以是无所得。凡是有求的，贪功贪法，要解脱，要出功能，有所求就会有为，有为就无法得到无上道。无所得、无为、无念，才是正信、正念，才是得无上道的唯一途径。

大智慧之心

《一点灵光》麻布油画，120×180cm

《金刚经》所说的
菩萨道及其修行

净心行善分第二十三

（干净的心在做事）

复次，须菩提，是法平等，无有高下，是名阿耨多罗三藐三菩提。以无我、无人、无众生、无寿者，修一切善法，即得阿耨多罗三藐三菩提。须菩提，所言善法者，如来说即非善法，是名善法。

第二十三节的重点是：真心无形做事。无为法是平等的，不管那个人对你是否有意见，到时候该加持谁，自动就去加持了。因为无我、无他，是无的境界，以法身往去建无量功德，这是看不见、摸不着的，所以叫它善法。要得无上道，无为法是基础，法身是关键。

大智慧之心

《虚其心》麻布油画，120×150cm

福智无比分第二十四

（福德无量）

须菩提，若三千大千世界中，所有诸须弥山王，如是等七宝聚，有人持用布施；若人以此般若波罗蜜经，乃至四句偈等，受持读诵，为他人说，于前福德，百分不及一，百千万亿分，乃至算数譬喻所不能及。

第二十四节的重点是：用宇宙中一切珠宝布施，也不如领悟《金刚经》、为他人演说所得的福德大，因为有相的布施是有漏的，是满足人的后天欲望的。《金刚经》是开启先天智慧的，本性智慧是一个无量无边的广大世界。受持读诵《金刚经》，帮助众生归道，脱离争斗与痛苦的苦海，就会融入无量无边的广大世界，就是为大道作贡献，大道就会无数倍地回馈给你。有了大道的加持，你做的无相功德就更多，周而复始，功德就无限无量了。

大智慧之心

《返本还元》麻布油画，120×150cm

《金刚经》所说的
菩萨道及其修行

化无所化分第二十五

（本性自救）

须菩提，于意云何？汝等勿谓如来作是念："我当度众生。"须菩提，莫作是念。何以故？实无有众生如来度者。若有众生如来度者，如来即有我、人、众生、寿者。须菩提，如来说有我者，即非有我。而凡夫之人，以为有我。须菩提，凡夫者，如来说即非凡夫。是名凡夫。

第二十五节的重点是：本性自救。佛说的度人，是每个人的佛性开启自度，不是外来一个佛去度众生。本性智慧不激发出来，人就总在一个泥潭里无力自拔。只有本性自救才能真的得度，别人说破了嘴皮也没用，自己的本性真心才是最好使的，可以解决一切难题。如来说有我者，说的是假我，凡夫却理解为是真我；如来说的凡夫，也不是凡夫，因为假我是凡夫，真我是佛性。凡夫身中藏佛性，世间的万物又是佛性的体现。不来到整体，没有亲身的验证，用后天意识理解，就不会懂佛性是什么。

大智慧之心

《弹琴观音》麻布油画，120×120cm

法身非相分第二十六

（法身无相）

须菩提，于意云何，可以三十二相观如来不？须菩提言："如是，如是。以三十二相观如来。"佛言："须菩提，若以三十二相观如来者，转轮圣王即是如来。"须菩提白佛言："世尊！如我解佛所说义，不应以三十二相观如来。"尔时，世尊而说偈言：若以色见我　以音声求我　是人行邪道　不能见如来

第二十六节的重点是：法身无相。如来是法身，以相和声见法身都是错的。转轮圣王也有三十二相，难道他是佛吗？当然不是。俗人的肉眼看不到佛，佛的五眼六通看得见一切众生。修道有成，能看到莲花座上的金光菩萨，那也只是法身的法相，而不是真如法身，法身是无相之相，没到粉碎虚空的境界，见不到真如本体。

大智慧之心

《守中》麻布油画，150×120cm

《金刚经》所说的
菩萨道及其修行

无断无灭分第二十七

（法相也不能否定）

须菩提，汝若作是念："如来不以具足相故，得阿耨多罗三藐三菩提。"须菩提，莫作是念："如来不以具足相故，得阿耨多罗三藐三菩提。"须菩提，汝若作是念，发阿耨多罗三藐三菩提心者，说诸法断灭。莫作是念！何以故？发阿耨多罗三藐三菩提心者，于法不说断灭相。

第二十七节的重点是：法相也不能否定。不能着相是不是否定法相呢？不是，法相是修行者达到某个境界的外在的相，是能量智慧级别的一个验证，所以法相不能否定。不着相又不否定法相，就是守中。中就是整体，就是元神，就是道，偏于某一方是后天的片面局限。本性智慧是圆融无碍的，落到哪个点上都会僵死，不落端，一切都是活的。

大智慧之心

《观嗷》麻布油画，200×150cm

《金刚经》所说的菩萨道及其修行

不受不贪分第二十八

（无心受用）

　　须菩提，若菩萨以满恒河沙等世界七宝持用布施；若复有人，知一切法无我，得成于忍，此菩萨胜前菩萨所得功德。何以故？须菩提，以诸菩萨不受福德故。须菩提白佛言："世尊！云何菩萨不受福德？"须菩提，菩萨所作福德，不应贪著。是故说不受福德。

　　第二十八节的重点是：无心受用福德。如果知道了所有的法都是无我的，都是无色、无心做的，这样的菩萨得的无相福德更多，因为菩萨没有受福德的心，不会图付出后的果报的。法身做功德，是无为性往之，功德是归道的法船，道就是自然，完全的自然，即使法身做了好事被验证了，也要不着心，否则就很难与最高智慧的自然融合为一。

061

大智慧之心

《负阴抱阳》麻布油画，120×150cm

威仪寂静分第二十九

（无来无去）

须菩提，若有人言："如来，若来、若去、若坐、若卧。"是人不解我所说义。何以故？如来者，无所从来，亦无所去，故名如来。

第二十九节的重点是：无来无去。如来是一种智慧境界，不是一个人从哪里来，到哪里去。是不生不灭，永恒之真，遍布一切地方，所以叫如来。如果修到如来的境界，就会无所不知，无所不能，是大彻大悟的最高智慧的大觉着。如来佛，如来是境界，如来佛是达到了最高智慧的修行者。如来是遍布一切的，不生不灭的。佛尽管分身无数，但有事法身即去，无事不去。

大智慧之心

《分神运化》麻布油画，200×150cm

《金刚经》所说的
菩萨道及其修行

一合理相分第三十

（道性物质）

　　须菩提，若善男子、善女人，以三千大千世界碎为微尘，于意云何，是微尘众宁为多不？须菩提言。甚多。世尊！何以故？若是微尘众实有者，佛即不说是微尘众。所以者何？佛说微尘众，即非微尘众，是名微尘众。世尊！如来所说三千大千世界，即非世界，是名世界。何以故？若世界实有者，即是一合相。如来说一合相，即非一合相，是名一合相。须菩提，一合相者，即是不可说。但凡夫之人，贪著其事。

　　第三十节的重点是：一合相。微尘是俗人看不见的，无色无味却真实永恒的道性物质。一合相就是道，一个小光点就隐藏了一个世界，一个小光点就记载了一个人的几千年、几万年的信息。只有修行者验证出来才有发言权，那些夸夸其谈的学者，根本摸不到道的边缘。

大智慧之心

《盗天地生机》麻布油画，200×150cm

《金刚经》所说的菩萨道及其修行

知见不生分第三十一

（无知见）

须菩提，若人言："佛说我见、人见、众生见、寿者见。"须菩提，于意云何，是人解我所说义不？不也。世尊！是人不解如来所说义。何以故？世尊说我见、人见、众生见、寿者见，即非我见、人见、众生见、寿者见，是名我见、人见、众生见、寿者见。须菩提，发阿耨多罗三藐三菩提心者，于一切法，应如是知，如是见，如是信解，不生法相。须菩提，所言法相者，如来说即非法相，是名法相。

第三十一节的重点是：无知见。我见、人见、众生见、寿者见都不是真如，都不必要执着，风过耳，听完了忘得一干二净。无知无欲，不执着于任何理论，不记得任何理论，只是个干净简单的自在人，把本性的觉照露出来，叫不生法相，不生知见。验证出来的是真知，没验证的鹦鹉学舌，就是假的知见。学无上道的人们，是知见不分的。

大智慧之心

《原本之真》麻布油画，250×150cm

《金刚经》所说的
菩萨道及其修行

应化非真分第三十二

（有为非真）

须菩提，若有人以满无量阿僧祇世界七宝，持用布施；若有善男子、善女人，发菩提心者，持于此经，乃至四句偈等，受持读诵，为人演说，其福胜彼。云何为人演说？不取于相，如如不动。何以故？

一切有为法　如梦幻泡影
如露亦如电　应作如是观

佛说是经已，长老须菩提及诸比丘、比丘尼、优婆塞、优婆夷；一切世间天、人、阿修罗，闻佛所说，皆大欢喜，信受奉行。

第三十二节的重点是：有为非真。有为的默念个咒语也有光，手机能拍下来，好像是咒语和佛光的相应，但这不是真如，不是道真，是人心的诡诈欺骗，可惜很多人心重的人上当。有为法不能得道，佛说得一清二楚，可天下好道的人，一千万人里只有一个人遵循无为法，绝大多数人都抱着假的有为法修道。

大智慧之心

用经中的智慧，醒悟人的本性，不是度人的肉身，是让被度者舍去妄念，像真如一样无为。只有无欲无妄才能无为，只有无为才能真静，静定了才能神往之，建功德成就法身。有为法是幻相，不能达到不取于相、如如不动的境界，有为法不可能得真道。在文化上一切法都平等，在得真道上，只有无为法一条路可走。

龙门石窟毗卢遮那佛

第二部分 无为法修行

道德经艺术馆二楼展厅

大智慧之心

西王母茶具

《金刚经》所说的菩萨道及其修行

无为法修行

序言：炼己

做个好人，五德齐全。心正、意正、正当才会是正能量。多心、贼心、诈心、贪心不去，有了能量，人管不住神，神随着贪念去害人，所以是妖魔。尊师重道，玄中有根。发大愿，真心、真信，才会感应。积善成德，无德无法入道。法身是利益众生的，众生反馈给你的良性信号，才是你的德，德薄无法行道。无心是玄德，显德是失真。功利心不可有，忘我心不可无。

修行之士，未有不了明心地，而可以跳出阴阳五行之外，与太虚而独存者。所以真仙度人，每每教人从心地上做功夫，炼得方寸之间如一粒水晶珠子，如一座琉璃宝瓶，无穷妙义便从自己心源上悟出，念念圆通，心心朗彻，则自古以来仙家不传之秘，至此无不了然矣！使其把自己心源上悟出之理，做自己性命上切实之功。

心地茅塞，虽得丹道，亦是旁门。欲结圣胎，先证圆觉，此要语也。

明心，见一切事，看出心来是初步的明心。

道凭行进，功赖德圆。真心，自然、本朴、实在之心不出来，都是阴神，最终没用。

玄关是真心、真性、真精、真神、真气之所自出。玄关为明心见性之灵机，结胎为炼丹之妙括。

心体不开，还是个俗人。理欲杂陈，天理不容。人心业未断，自己便是一大魔头。意念知识，俱是魔将魔兵；肝肾肺肠，俱是魔巢魔窟。

大智慧之心

　　性功是对本性神的修炼。在隐显两界师尊的加持和护佑下才能培育成本性神。当本性神长到一定程度，就可以化生出无数的分身，遍布法界，替天行道。正心、正意、正言、正行，才能近道、合道，才能建德。求道以心，修道以性，以性建德，以德证道。以性建德，以德育性，使性成为有德之性，行越正，德越厚，以此载之，神越圣，乃至无上。

《观音的故事》麻布油画，120×90cm

《金刚经》所说的
菩萨道及其修行

一、明心见性

第一，心性

1. 心为人丹

日也者，天之丹也。黑而荡也，则日不丹。心也者，人之丹也。物而霾也，则心不丹。故炼丹也者，炼去阴霾之物，以复其心之本体，天命之性之自然也。天命之性，吾之真金也。人人之所必有者。气质之性，金浊滓也，上智之所不无者。若以人伦日用之火而日炼之，则气质之性日除。气质之性日除，则天命之性自见矣。日炼其心，无时而不心在于道，无时不以道而炼其心。此乃古先大圣大贤为学之要法，百炼炼心炼性之明训也。

2. 性是天生

"性"字最早出现在金文中，与生字同形，初意也是生。《中庸》曰"天命之谓性"，天所赋予的，是天道在人身上的体现。金丹认为性是人的真我，意识的存在和干扰是发现自性的最大障碍，通过对意识的调节、控制、归零，使得真我自然显现，从而获得生命的绝对主体。

《庄子·庚桑楚》"性者，生之质也"，认为生而俱有的朴素质地是构成万物内在的自然本性。

禅宗：人人都有自性、万法不离自性、明心见性、见性成佛、自心见自性 。慧能认为心是地，性是王。性在身心存，性去身心坏。佛为自性作，切莫向身外去求。人的自性本来清净。慧能，直显心性、顿悟成佛，自性自度。

3. 自性真我

真我首先是对自我和自我意识的超越，同时还将超越自我与人、物之间

大智慧之心

的外在和对立，达到普遍意义的真实和平等。真我是自我、本我、超我的来源和归宿，是具有个体完整信息和高能量的绝对主体，其自主性和自由度可超越时空。真我是一个高能量信息团，无形无相却光芒四射，无拘无束却唯道是从。它是无相之相，仅是一团生命冷光，大则满须弥，小则纳芥子。并不是每个人能发现和找到属于自己的"真我"，但在每一个血肉之躯之内必潜藏着一个"真我"。真我又称自性，真我是具足一定能量所映现的性光。

4. 心性的关系

心是性的载体，性是心的主人，性为先天之物，心与身俱来，所以在先后关系上，性在心先，心是从性中产生出来。但是心将性淹没了，所以在见性之前，心是性；在见性之后，才会明白性就是心。张伯端说："心者，神之舍也。心者，众妙之理而主宰万物。性在乎是，命在乎是。……其所以为妙用者，但神服其令，气服其窍，精从其召。……心静则神全，神全则性现。……夫神者，有元神焉，有欲神焉。元神者，乃先天以来一点灵光也。欲神者，气质之性也。元神者，先天之性也。形而后有气质之性，善反之，则天地之性存焉。"《青华秘文》以心为体、精气神为用，性命都归于心。

"虽曰命工，此为玉液还丹、见性明心之事。……此后工夫，无非将此心性，造成一个有形之物而已。"（《乐育堂语录》）

5. 修道就是修心性

将性作为生命主体和修道主体的观点在唐代已成为主流思想，虽然在唐初司马承祯已有收心复性、修真达性的主张，但随着内丹钟吕派将性提到修道的主体地位，后经南宋历代祖师的发展完善，至北宋中期金丹性论已相当成熟，在全真教中已将修性作为最重要的目的。王重阳的《重阳全真集·吕公求指诀》提出"心中真性修行主"。闵一得的《上品丹法节次》则讲："夫人之元性，即是金丹，即是大道，即是无位真人。……是吾固有之物，

借身中先天一炁点化，炼成纯阳之体"。

黄元吉的《乐育堂语录》"真性发为元神，即真心也。有此真性，方为有本；得此真心，方为有用"，又说"无性则无丹本"。邱处机说"三分命功，七分性功"。

6. 涤阴转阳

《吕祖全书·元神识神》道："魄附识而用，识依魄而生。魄，阴也，识之体也。识不断，则生生世世魄之变形异质无已也。惟有魂，神之所藏也。魂，昼寓于目，夜舍于肝。寓目而视，舍肝而梦。梦者，神游也。九天九地，刹那历遍。觉则冥冥焉，溯渊焉。拘于形也，即拘于魄也。故回光所以炼魂，即所以保神，所以制魄，所以断识。古人出世法，炼尽阴滓，以返纯乾，不过消魄全魂耳。"

第二，修心性

1. 觉察人心

不怕念起，只怕觉迟，念起是病，不续是药。若知见无见，则智性真净，复还妙湛，洞澈精了，而意念销；意念既销，自六识而下，莫不皆销，即文殊所谓一根既返元，六根成解脱。既无六根，则无六尘，既无六尘，则无六识，既无六识，则无轮回种子，既无轮回种子，则我一点真心，独立无依，空空荡荡，光光净净，万劫常存，永生不灭。此法直指人心，一了百当，何等直截！何等简易！觉尽无始妄念，摄境归心，出缠真如，离垢解脱，永合清净本然。迷人心外求法，至人见境是心。境是即心之境，心是即境之心。对境不迷，逢缘不动，能所互成，一体无异。若能达境唯心，便是悟心成道。

2. 扶助自心

明心尽心之要者，时以善法扶助自心，时以赤水润泽自心，时以境界净

大智慧之心

治自心，时以精进坚固自心，时以忍辱坦荡自心，时以觉照洁白自心，时以智慧明利自心，时以佛知见开发自心，时以佛平等广大自心，故知明心是生死海中之智楫，尽心是烦恼病中之良医。若昧此心，则永劫轮回，而遗失真性，若明此心，则顿起生死，而圆证涅槃，始终不出此心，离此心别无玄妙矣。后面虽有次第功夫，不过是成就这个而已。

功夫至此，精神朗发，智慧日生，心性灵通，隐显自在，自然有一段清宁合辟之机，自然有一段飞跃活动之趣，自然有一点元阳真气从中而出，降黄庭，入土釜，贯尾闾，穿夹脊，上冲天谷，下达曲江，流通百脉，溉灌三田，驱逐一身百窍之阴邪，涤荡五脏六腑之浊秽。

3. 元神当家

第一，是不是看到整体了。阴阳在乎手了，工作、家庭、身体一切都好了，是把握了阴阳的验证。是不是情归性了，人心、人情不再是障碍，不再把生活搞得一团糟。

第二，是不是喜欢静了。喜欢单独、喜欢简单了。静是指意识的状态，清则连无意识也不起波澜，归于宁静。炼己的最终目的是为了清和静，"能静则金丹可坐而致也"。张伯端接着解释到："心所以为妙用者，但神服其令，气服其窍，精从其召。神服其令者，心勿驰于外，则神反藏于内。气服其窍者，心和则气和，气和则形和，形和则天地之和应矣。静，精气神始得而用矣。"（《青华秘文》）

4. 净化潜意识

在平静的意识下面还有欲望腾腾的无意识，在意识的背后生成一个时刻觉察、回归安静的正念，澄清混沌的无意识旋涡，慢慢让不断向前的意识流停歇下来，心如止水，让无意识的"涟漪"也不再泛起。澄清无意识，是改造与身俱来的习气，需要通过炼己来掌控。炼己的对象主要是无意识上，"炼己者，炼其历劫根尘气质偏性，与夫一切习染客气。夫炼己之功，为丹道始终之

要着,直至阴尽阳纯之后,而炼己之功方毕,驾驭了自己的习性"。

炼己的宗旨就是将我们原来以为是自己的那个我炼成真我,完成还虚合道才算达成目标。炼己贯穿内丹修炼的整个过程。筑基炼己,为入门功夫,是身心并修的起点。

5. 鉴而不纳

人能察心观性,则圆明自照,无为之用自成;不假施为,顿超彼岸;诸相顿离,纤尘不染;身不能累其性,境不能乱其真。心若明镜,鉴而不纳,随机应物,神明默运。面对的所有的境界都是二,跳出二元对立,回到本元一,没脾气。

6. 放下人心

修道的第一关是转化人心,人心修好了,道就已经修成了。人心遮盖了本性,动静都不遮盖。静就是道,静中生一切,生机、活力、元气都是静中来的。元神本性是大磁场,得真一后,静中自有生涯。

本性有善无恶,心偏,心役性。

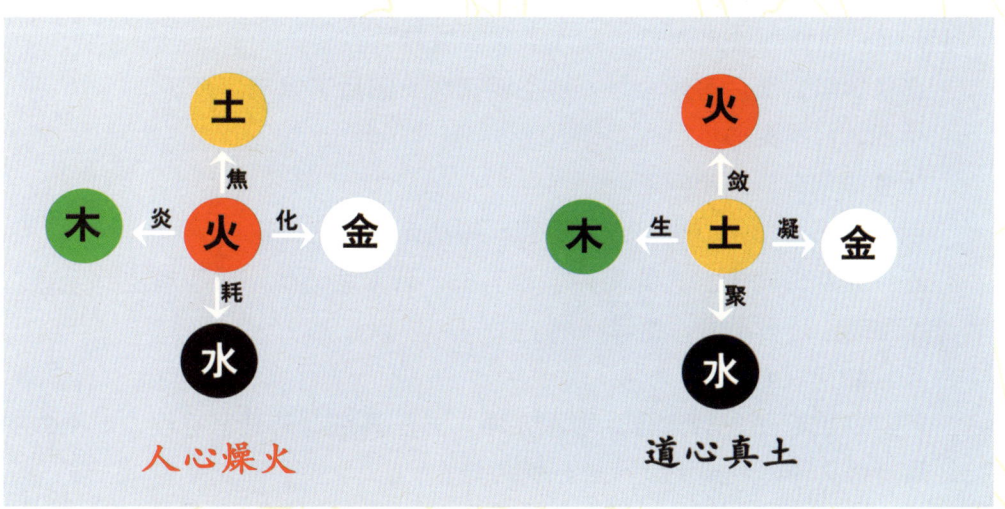

大智慧之心

得丹后的最大危险是人心。菩提祖师对孙悟空说的火、风、雷三灾：火就是人心，雷是外在的灾难，风是阴气。二年左右是一个坎儿，很多人被这个人心的坎儿绊倒了。

心为火藏，质阳而性阴，外明而内暗。炎上，则怒气冲天；始燃，则伏机在本。忽起忽落，变动莫测。心之着于恶而为妖，着于善而也为妖。心一迷而火愈盛，为善为恶，同一气机。

7. 畏惧因果

大道幽深，如何消息，说破鬼神惊骇。挟藏宇宙，剖判玄光，真乐世间无赛。灵鹫峰前，宝珠拈出，明映五般光彩。照乾坤上下群生，知者寿同山海。

人心生一念，天地悉皆知。善恶若无报，乾坤必有私。

当此之时，一推之间，而积恶如山，天宫之米山面山早就；喂狗之际，而罪已难解，天宫之铁架金锁早铸；秽言方出，而口业莫消，天宫之拳大鸡、哈巴狗、一盏灯早设，隐恶可为乎？

一念之恶，即犯弥天之罪；一念之善，亦足以回天之心。《西游记》第八十七回"凤仙郡冒天致旱　孙大圣劝善施霖"。

必性体坚，而后可修金丹；亦必阴德厚，而后可以成金丹。

第三，吕祖说心性

《金华宗旨》阐幽问答

问：先天之学，心也；欲免轮回，须从无形做功夫？

答：无从做功夫。夫静无得，动有失，皆未达道也。唯于有迹探无迹。有迹而无迹，迷者千里，悟者一朝。

问：如何观心？

答：从观起手，功夫也。观深妄净，方是真空。若只言空理，而不假观行，则是口头禅，凡夫终是凡夫，何为修也？

《金刚经》所说的
菩萨道及其修行

问：如何回光返照？

答：回光不以目而以心，心即是目。久久神凝，方见心目朗然，不证者难言此，反启着相之弊。不证，由于精虚，且观心觉窍，以生其精，精稍凝即露，即见玄关窍妙，参悟功夫方有着落，不然是渺茫之言，言之亦觉自愧欺人。吁！大道幽深实难言，一步一步到花妍。花中有实却无实，即是凡夫超后天。日积月累，心开见佛。

问：什么是佛灯？

答：眼观脐下，是外功。内功心目生，才是真丹田。眼前见光者，鼠光也，非虎眼、龙精之光。心光不属内外，若色目望见，即为魔矣。生死事大，一念回光，收复精神，凝照自心，即是佛灯。何谓佛灯？常令烛照，即是佛灯。与其屋内屋外点灯供我，不若此一盏灯彻夜不昧，照彻五蕴皆空，方知救苦救难一尊观世音。

心灯一盏，人人本有，只要点得明，便是长生不死大仙人。汝等勿要忘了此心，使神昏昧无主，则精神散漫。此法直揭大乘宗旨，一超直入功夫，不期效而自效。

问：上菩提路才为到家，怎样理解？

答：本未离家，只因自心迷惑，指南为北，以致有千程万途之跋涉。其实，只在当下。拾得衣中珠，仍是自家珍。一念回光，即是在那菩提路上，家园切近，上好丛林，不用出家，即此是兰若。我此法心传，却是一超直入功夫，谓之保本。

问：心中不得清净，奈何？

答：心中哪得清净？即在这不清静中寻清净耳。及至清净中发出不净相，正是真清净，才得清净。

问：何者是心？

答：何者非心？无心即是心，有心则不圆通，无心则入渺茫。非无心，

大智慧之心

非有心，有有无无之间，无心是心。

问：真心是什么？

答：真心无形，有形即归幻妄。然真心亦非无形，不泥于形而实形形，形色天性，圣贤学问同之。

问：金即真精否？

答：纯一不杂之谓，非世间之金。虚得一分，即足得一分，足则生华，金出炉矣。然还须锻炼，愈炼愈精，愈精愈明，久则化识神为佛慧，香海慈云，阿弥陀佛。一空空，用不穷，性中得命是真功。

问：从性学入手吗？

答：性学非命学不了，先从性探引命之作，命通方得彻性。性非命不彻，命非性不了。故《易》云："穷理尽性，以至于命。"尽性罢了，又何以至于命？不得穷到底，焉知神物隐于此？可以生人，可以杀人，生杀只在这个，并非另有玄关。

问：守真如之性吗？

答：真如之性，拟议尚不能，焉能守之？不守而守，无可守也。守则把持，真如不现。莫把捉，四大本空，五阴非有，何处容汝捞摸？

问：致心一处吗？

答：致心一处固然，然心无定处，又须活泼善探。不在形色，形色俱是后天。知者心之用，空寂者心之体。若著在后天，则是气质用事，理之不尽，了之不能矣。

问：什么是修持？

答：修者，去其污染也。无污染，有何修持？若再修持，头上安头。

问：一切细参功夫，须要寻常而切己？

答：有何功夫？不行而密，不肃而敬，笃恭以持己，显晦合一，体用无殊，功夫何在而何不在？所谓大道，以默以柔，无时而不适，无事而不

泰然。

第四，自性法身

1. 尽性了命

《青华秘文·蟾光图论》曰：月者，噙元性也。……性之初见如星大，圆陀陀光烁烁，未足言见性，但气质之性稍息，而元性略见。

初三生一阳者，丹既居鼎，觉一点灵光，自心常照而无昼夜。于月之八而二阳产矣，二阳者，丹之金气少旺，而元性又少现。于月之望而三阳纯矣。三阳纯者，是所谓元性尽现，即前所谓无形之中也。一阳才生时，但觉吾身有一物，或明或隐。二阳生时，则遍体生明矣。三阳生者，则光不在内，不在外，但觉此身如在虚空，亦无身亦无虚空，亦无日亦无月，常能如此则大定也。

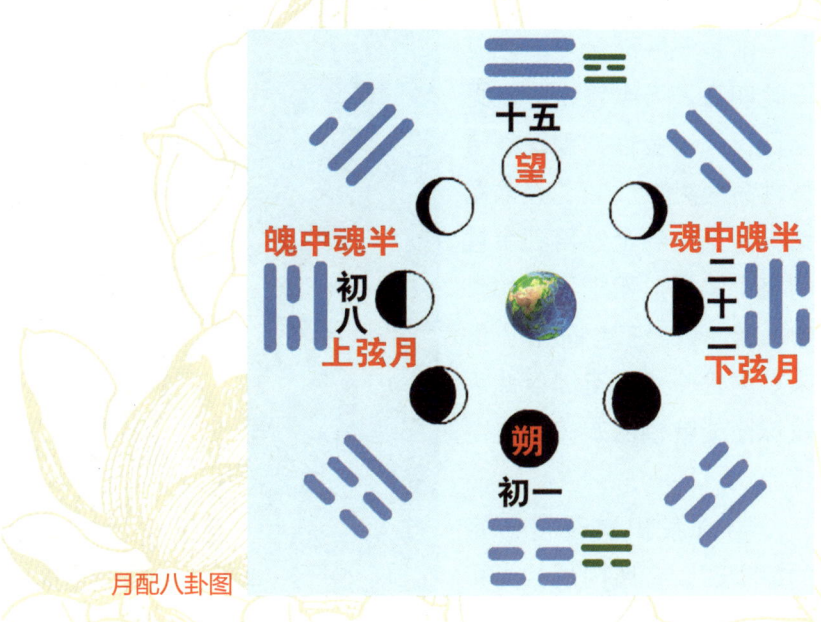

月配八卦图

大智慧之心

　　既至于此而金丹过半,何也?且元神见矣,而未归于丹鼎,混精气而为一,所以过半矣。十六而一阴生。一阴者,乃性归于命之始也。自一阴生至于月之二十三而二阴产矣。二阴者,乃性归于命之二也。自二阴生至于月之三十日而三阴全矣。三阴者,乃性尽归于命也。性之全体现、绵绵若存之时,则性返乎命内矣。

　　方其始也,以命而取性,性全矣。又以性安命,此是性命天机括处。

　　2. 自主性命

　　在《火候图论》中,又道:"金望于中,烛破浮云,露出一钩真性,如月之明,乃偃月炉也。存养之久,则金气胜而全尽,烛见一轮明月,乃全性也。既见全性,又返金性,则吾身皆真性命为之主。"《火候图论》将见性到全性再到金性的整个修炼过程中可验的景象,全都详细地描绘了出来。内丹修炼者可以以此为航标而成就性命双修,自主性命。

　　当真我积累获得一定的能量时,它所闪现的光称为性光,可谓暂得见性。当

《金丹》麻布油画,100×150cm

修行者即使闭着眼睛,在脑中也是明亮的,就是全性。这时,在眼前会出现一轮明亮异常、类似于中秋满月的光团,这是真性的光彩,内丹学上将此称为"大药"。

在玉液还丹出现的六种现象中,"绛宫月明"是其中最主要的标准,表明修性阶段已大致完成。

元性需要元炁来点化,可以将此理解为以能量来启动,这样才能见性——全性,最后成就纯阳之体。性为真心,真心具足了能量,亮了,称为明心。所以,唯有见性才能明心,先见性而后明心。

二、尊道贵德

1. 道德

在德者做人为善,自省、自修、自证,在道则清虚、无为、自然,归真于朴。(《道德二字图》)

道:人能谦卑、恭敬,本性之光就会放出,既是得道。道是虚体,真心出来了,才能相应。

德:人的心和眼睛是一体的,心和神一体,无心,先后天意识合一,就是有德。有德之性,才能证道。

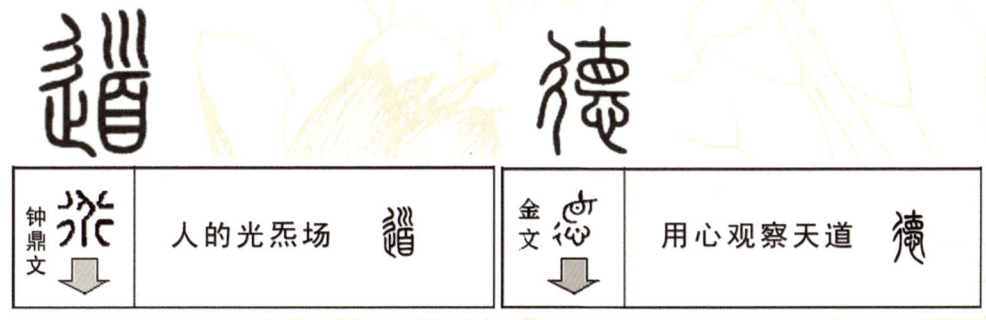

《道德二字图》

大智慧之心

2. 上德

上德不德，是以有德；下德不失德，是以无德，上德无为而无以为，下德为之而有以为也。（德就是先天之心，来到先天之心，能量自然接通。无心于万物，无心于身形，叫不德。外忘其身，内忘其心，听万物自然之生化，叫上德不德，能做到这个地步才叫是以有德，天地元气就会不断地流入体内。用了心思、后天意识心就是下德。本心就能接通元气，心物一元。）无为自然发生了就是上德，就是有德。

上德之人的五行在各方面都是一种"合一"状态，其中的先天祖气未曾损伤，内环境中性命本是一家，不需要返还之类功法的修证。只需用天然真火（自然心）进行温养之，使内环境的先天状态不被后天所伤，待到神全气足，诚则能明，由中达外，露出法身，永久不坏，历劫长存。道家称之为"身外有身"，佛家就称之为"跳出轮回"，儒家就称之为"圣"。

3. 阴德

欲修太上之大法，无德寸步难行，太上贵德，至理名言。施恩不求报，积善无人知，不迫人于险，暗中作方便，阴德也。修行人若阴德未充，鲜不为外魔所攻。若能回思内省，发大忍辱精进，则魔障化为阴德。必性体坚，而后可修金丹；亦必阴德厚，而后可以成金丹。

4. 玄德

（1）潜蓄而不著于外的德性，玄德通于神明。

（2）指自然无为的德性。《老子》："生而不有，为而不恃，长而不宰，是谓玄德。有德而不知其主，出乎幽冥。"《隋书·经籍志三》："圣人体道成性，清虚自守，为而不恃，长而不宰，故能不劳聪明而人自化，不假修行而功自成。其玄德深远，言象不测。"心灵之光通达四方，利益众生，却自己也不知道吗？生养爱护众生，让他们自然发展，不图回报，就是玄德。

（3）天德。《汉书·礼乐志》："礼乐成，灵将归，托玄德，长无

衰。"《文选·张衡》:"清风协于玄德,淳化通于自然。"

5. 有德之性

夫两不相伤,故德交归焉。至道至德,交感为一,同归于无极。治身之要,虚空见矣,所以德交归焉。无为之道,是人固有之天真,生生不已之灵气,靠一颗至诚的心,无形无相,虽有造化,实无存亡,当然不会伤人。

对待万物都要顺其自然,和谐无伤,他们才会敬重你。这种良性的信号就会增长你的德性,虚无的本性有了德,成为有德之性,就是在建造道器,反馈的良性信号越大,道器就造得越大,大器做了大功德,才能成就正果。

6. 以德才能证道

天衣无缝是有德才能证道。

大国不过欲兼畜人,小国不过欲入事人。夫两者各得其所欲,故大者宜为下。大德者谦卑处下,用德养育天下众生。以无为的虚静,承载柔软的德能量。大德者能在养育万物中获得良性信号的反馈,以此建德;万物恭敬、感谢大德,就得到了大德的哺育。所以,不管是大德养育的万物,还是万物得到了养育,大德不过是想养育众生,众生不过是想得到养育,这两者都各得其所,都是平常的事情。大德不

九鼎炼心图

谦卑，法身就无法施德。众生不恭敬，就得不到道德的养育。

有德而不自居，本性才能成长，德而性往，德被四方，谦卑是法身做功的必备品质。

7. 九鼎炼心

日也者，天之丹也。黑而荡也，则日不丹。心也者，人之丹也。物而霾也，则心不丹。故炼丹也者，炼去阴霾之物，以复其心之本体，天命之性之自然也。天命之性，吾之真金也。人人之所必有者。气质之性，金浊滓也，上智之所不无者。若以人伦日用之火而日炼之，则气质之性日除。气质之性日除，则天命之性自见矣。日炼其心，无时而不心在于道，无时不以道而炼其心。此乃古先大圣大贤为学之要法，百炼炼心炼性之明训也。

三、生死轮回

1. 轮回

大众好生恶死，以莫识死生故。生从何来，死从何去。故于死后，渺茫沦落，不戡破死门，竟堕轮转。

所以仙佛出世，汲汲以一大事因缘，使人知去来处，徐徐引出生死苦海。生则是第八识神主之，死亦是第八识神主之。投胎则此识先来，舍身则此识后去。

常人死后，性体仍然活着，不在阳空间，在阴空间。性体虽然仅由炁构成，却具有死亡之前的面貌形象，具有历代祖上的全部遗传信息，历世往昔所做的德行和罪业"记录"，飘悠在太极弦另一侧人们肉眼看不见的虚空中。长相也是自己造的。

常人大多因生世时阳气耗尽,死后的性体呈阴性,是"低级信息体",俗称阴鬼。性体是永恒存活的隐性生命体,死后又在自然因果规律制约下进入另一个新生的人或者动物的血肉之躯,产生新一轮有机体的生命。灵魂不灭,载体置换。每一生中性体的变化,完全取决于生世的德行修为。

生命是一个生灭相续、生死相续、因果相续的不断延续过程,当念如是,生前死后也当然如是。人死之后,并非永远消灭,一切皆无,而是依其生前行为等的因,续生必然的果,必有新的身心生灭相续。只要不是通过修道,断了形成新生命的因,则这种生死死生的相续过程绝不会戛然中断。

2. 生死唯识

生死发生的根源在意识。《楞严经》卷六偈所说:"众生的生起,是先有无色界天,次有色界天,最后才形成欲界众生。"各类众生形成的直接原因,是各自不同的乱想:由飞沉乱想有卵生类,由横竖乱想有胎生类,由翻覆乱想有湿生类,由新故乱想有化生类,由精耀乱想有有色类,由阴隐乱想有无色类,由三世(时间之过去、现在、未来)与四方(空间)和合相涉,变化出十二类众生。一念念什么,即现什么,念众生即现众生,念佛即现佛,六道轮回,说到底只是一念所现。

人临死时,最后一念意识灭后,紧接着便会续生下一念意识,就如同生前前念已灭又生后念,中间没有停顿间歇。死后的意识相续而生时,便会领受他生前行为的因种所成熟的果报,生于天、人、鬼、畜、狱五道中。佛典中还说,中有入胎时,因宿世业力,有逼迫其入胎的幻化境相现前,若无福德者,见寒风阴雨、大众愦闹等逼迫,寻找隐身之处,见草庵、草丛、林中、窟穴、墙根、篱间等,入内躲避,遂入母胎;有福德者则见避入高楼、殿阁,或闻悦耳的音乐,或登舒适的床座,而入于母胎。结论是人的生死都

大智慧之心

是意识的牵引,因为后天意识,人在生死河中沉沦不已。

3. 轮回来自不悟本心

人人都有一颗自然本心,但是人入胎就忘了本。自性清净心、佛性、真性、真心、本觉等,为宇宙万有的本体,主体与客体、众生与诸佛、生死与涅槃、世间与出世间于一体,说宇宙万有、生死涅槃等一切现象,皆是此绝对真心内蕴功能的显现。轮回也是真心的显现,本觉真心真常无碍的体性分毫未减,只是众生被一点迷妄蒙蔽,不能受用本觉真心无碍自由的妙用而已。虽然众生即佛,但众生与诸佛的实际受用与功用、价值,有天渊之别。造成这种区别的根本是对本具真心的迷与觉。众生迷昧本心,"背觉合尘";诸佛明觉本心,"背尘合觉",与真心空性相应,故超出生死,无碍自在。生死轮回之因,终被归诸于对本觉真心的迷昧。这种迷昧,即是根本无明。

十法界图

了生死的唯一途径是修出来智慧心。《涅槃经·四相品》云:"烦恼虽灭,法身常存。"法身,指与真理相契合的智慧心。我执虽断,与真理相契的净心不断,称为"大我""真我""佛性我"。本来清净、本来明觉,具足一切超自然的不思议无碍妙用、清净功德,然此心离一切相,超绝一切言思心行,非语言所能诠表,非由主客二元对立的认识渠道所能体认,非众生经验中物,只有离却众生的生灭妄念、我法二执,才能亲自体验。此心本来不生不灭,即是涅槃,圆证此心即名为佛。

4. 断轮回

因魄有精,因精有魂,因魂有神,因神有意,因意有魄,五者运行不已。所以我之真心,流转造化几亿万岁,未有穷极。是以圣人,万物之来,对之以性,而不对之以心,性者心未萌也。无心则无意,无意则无魄,无魄则不受生,而轮回永息矣。

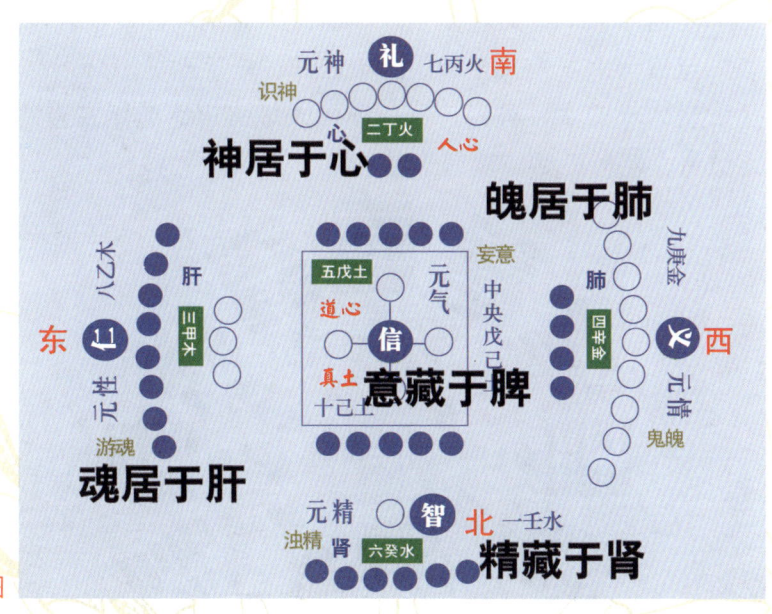

五行合一图

5. 一点灵光的历史

自一岁至三岁，长元炁六十四铢，一阳生乎复卦。

至五岁，又长元炁六十四铢，二阳生乎临卦。

至八岁，又长元炁六十四铢，三阳生乎泰卦。

至十岁，又长元炁六十四铢，四阳生乎大壮。

至十三岁，又长元炁六十四铢，五阳生乎夬卦。

至十六岁，又长元炁六十四铢，六阳生乎乾卦。

盗天地三百六十铢之正炁，原父母二十四铢之祖炁，共得三百八十四铢，以全周天之造化，而为一斤之数也。此时，纯阳既备，微阴未萌，精炁充实，如得师指，修炼性命，立可成功矣。

至二十四岁，耗元炁六十四铢，应乎姤卦。

至三十二岁，耗元炁六十四铢，应乎遁卦。

至四十岁，又耗元炁六十四铢，应乎否卦。

至四十八岁，又耗元炁六十四铢，应乎观卦。

至五十六岁，又耗元炁六十四铢，应乎剥卦。

至六十四岁，卦炁已周，所得天地父母之元炁三百八十四铢、而为一斤之数者，耗散已尽，复返于坤。

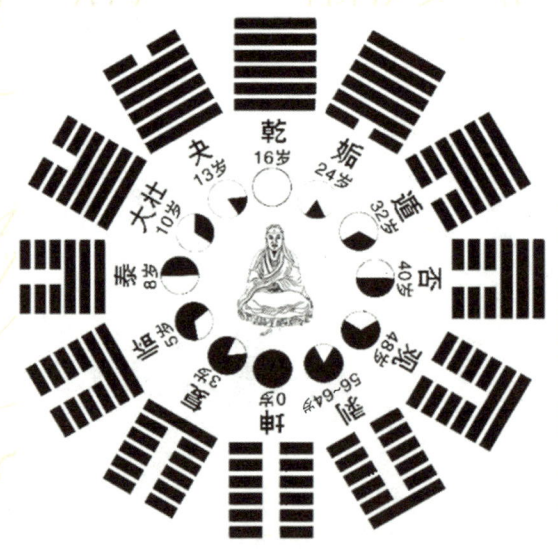

先天一炁运行图

6. 无限的轮回

此所以虚化神、神化气、气化血、血化形、形化婴、婴化童、童化少、少化壮、壮化老、老化死、死复化为虚、虚复化为神、神复化为气、气复化为物，化化不间，犹环之无穷。

任他尘生尘灭，万化万生，不能脱离苦海，劫劫生生，轮回不绝，无终无始，如汲井轮。三界凡夫，无一不遭此沉溺。有生死者，身也；无生死者，心也。

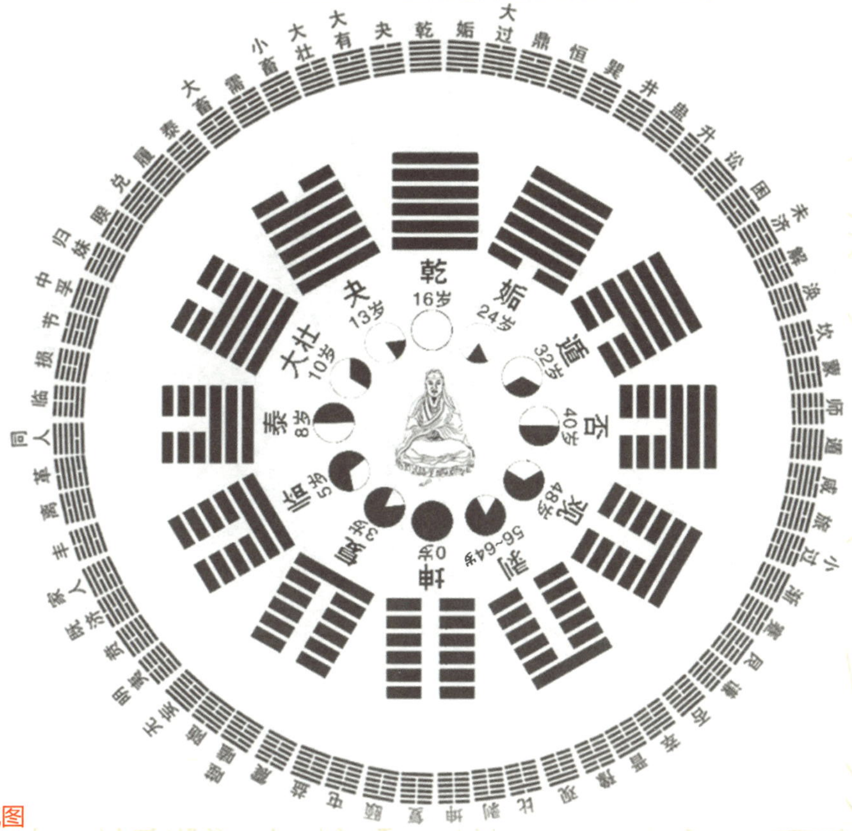

六十四卦元气图

大智慧之心

7. 跳出轮回必须见本性

囫囵一声，天命真元，着于祖窍。昼居二目，而藏于泥丸；夜潜两肾，而蓄于丹鼎。

天地视人如蜉蝣，大道视天地亦泡影。唯元神真性，则超元全而上之。其精气则随天地而败坏矣。然有元神在，即无极也，生天生地皆由此矣。学人但能守护元神，则超生在阴阳之外，不在三界之中，此唯见性方可，所谓本来面目也。

本性图

《金刚经》所说的
菩萨道及其修行

四、先天一炁

1. 道是虚无生一炁

自然曰道，道无名相，一性而已，一元神而已。性命不可见，寄之天光，天光不可见，寄之两目。

太乙者，无上之谓。丹诀甚多，总假有为而臻无为，非一超直入之旨。我所传宗旨，直提性功，不落第二法门，所以为妙。金华即光也，光是何色？取象于金华，亦秘一光字在内，是先天太乙之真气，"水乡铅，只一

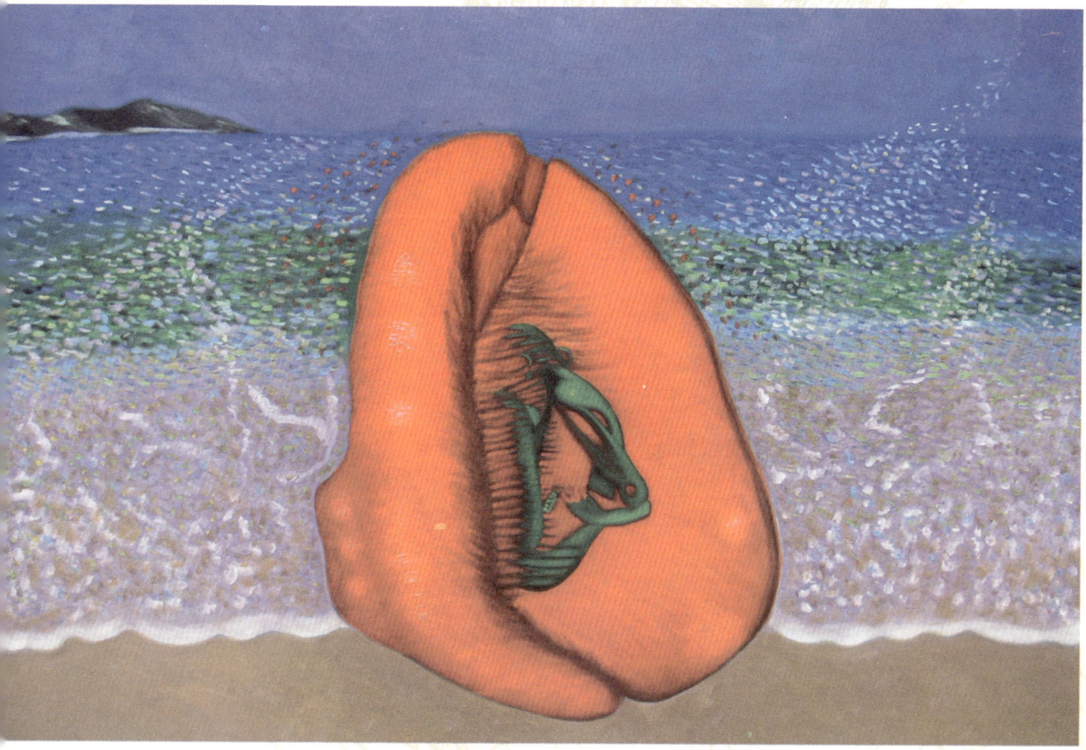

《真铅氤氲》麻布油画，200×150cm

大智慧之心

味"者此也。

光易动而难定，回之既久，此光凝结，即是自然法身，而凝神于九霄之上矣。

金华即金丹，神明变化，各师于心，此种妙诀，虽不差毫末，然而甚活，全要聪明，又须沉静，非极聪明人行不得，非极沉静人守不得。

一炁蟠集，窅窅莫测，氤氲活动，含灵至妙，是为太乙，是为未始之始，是为道。天地之有始也，一炁动荡，虚无开合，雌雄感召，有无相射，混混沌沌，冲虚至圣，包元含灵，神明变化，是为有始之始，是谓道生一。

奈何世人不明此道，盛不知养，衰不知救，日复一日，阳尽阴纯，死而为鬼。故三教圣人，以性命学开方便门，教人熏修，以脱生死。儒曰：存心养性。道曰：修心炼性。释曰：明心见性。心性者，本体也。道之得一者，得此本体之一也。释之归一者，归此本体之一也。儒之一贯者，以此本体之一而贯之也。人欲免轮回，莫若修炼金丹，为升天之灵梯，超凡之径路也。其道至简至易，虽愚昧小人得而行之，亦立跻圣域。

2. 一点圣光，本朴之心

人之大朴是元神，德一未散叫朴。元神是人体中最高级的生命物质。神，天示也，现代的词是自然能量。

朴虽然小，作用可无穷大，天下万事万物都是依赖此微粒生存，依赖德一能量而存活。朴，本性，大而通彻天地，细而入于微尘，虽小，天下不敢臣。凡是自然本朴的人，进步飞快。

3. 阳爻"—"

"—"是卦符的阳爻"—"，表纯阳未破。在人体就是男女未通精的十六岁，元精完美无损的乾卦状态。外在表现是脊髓液饱和，有病的、衰老的脊髓液干枯。人体原始性细胞，现代医学的干细胞。

德"一"是乾阳的纯德,是能量态物质,遍布五脏六腑、四肢百骸所有组织、细胞中,表征为生命的"元炁"。

"一"就是万物正确生存发展,须臾不可缺少的一种最高级、最纯厚、最初始、最质朴的能量。

形体曰天,主宰曰帝,性情曰乾,功用曰鬼神,其实一物而已。此一物,天不得不能以清,地不得不能以宁,人不得不能以灵,得此谓之得道,失此谓之失道。日月是此气之阴阳,山川是此气之刚柔,男女是此气之交错,呼吸是此气之动静。

4. 先天一炁是精微能量

元炁下面四个点是火字的变体,标示它是日光气,上边一个近似无的字,表示这种气近似没有物质现象而能使万物发生变化的精微能量。

当这种精微物质,没有外力的作用时,能量和形体相等,阴阳平衡叫无极。在太阳光的作用下,能量大于形体,它向上、向外伸展的状态叫阳升,阳升消耗能量,很快能量小于形体,它掉头向下、向内收敛叫阴降,阳升、阴降叫两仪。

当精微物质的运动处于最小幅度时,像水分子形成的云雾那样,即"氤氲"的状态,静态与动态精微物质极易发生交感,即"氤氲交感"。氤氲的运动,使两者既相虚又相连,这种状态称之为"和",有了和这种新型的物质,使无生命的精微物质,变成了有生命的基本物质,中气以为和,大药的提纯和凝聚容易将人体内脑垂体性腺系统、肾上腺性系统等组织向先天转化,使人体性系统复返于先天混沌未分的"中性"状态(孩子是

太极图

大智慧之心

中性状态，修好的标志是中性，观音是不男不女。马阴藏相）。

5. 先天一炁造就生命

真气造化人，如天地行道，乾坤相索，而生三阴三阳。真阳随水下行，如乾索于坤：上曰震，中曰坎，下曰艮。以人比之，以中为度，自上而下，震为肝，坎为肾，艮为膀胱；真阴随气上行，如坤索于乾：下曰巽，中曰离，上曰兑。以人比之，以中为度，自下而上，巽为胆，离为心，兑为肺。形象既备，数足离母。

既生之后，元阳在肾。因元阳而生真气，真气朝心；因真气而生真液，真液还元。上下往复，若无亏损，自可延年；如知时候无差，抽添有度，自可长生。真阴真阳交媾就长寿。

法效天机，用阴阳升降之理，使真水真火，合而为一，炼成大药，永镇丹田，浩劫不死，寿齐天地。

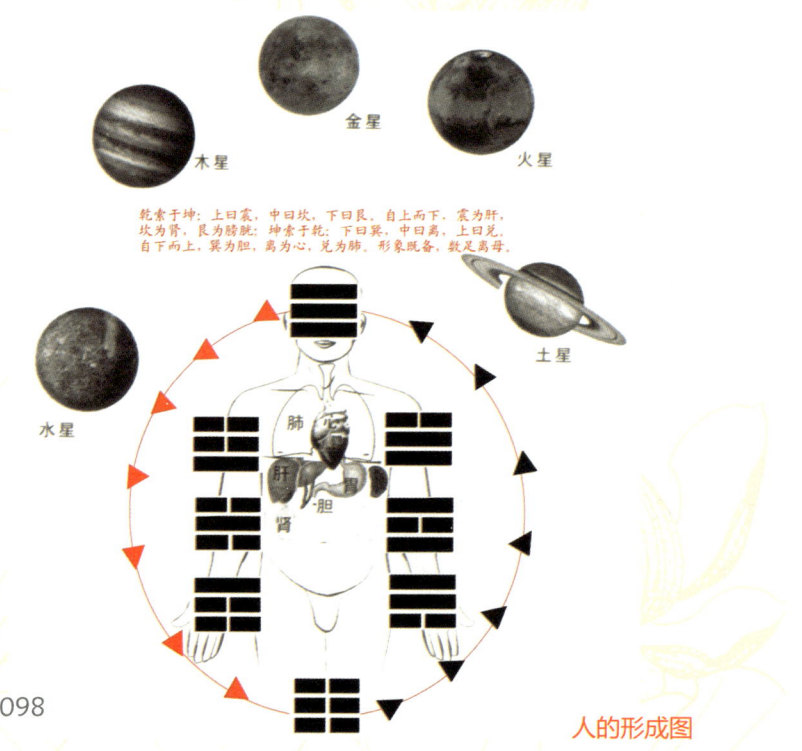

人的形成图

《金刚经》所说的菩萨道及其修行

6. 先天一炁的精神体———圣神

侯王得一者以为天下正,其至之一也。

德一的存在形态:气、光和小人,小人操作光和气。得一万事毕,得一抵御一切外邪。

《一圣神》麻布油画,120×150cm

099

大智慧之心

　　德一的出现：神光给内境做大扫除，神光所到之处，如火就冰，俱皆光明。内境干净了，他从山根祖窍飘然而出，坐落在中丹田。给阴我换质。

　　德一的形成：古人的方法，依神体的名和形，复归于"一"的未朴散之中。形名到了影像到，影像到了变化到，是进步神速的关键。影像直接打开人体的先天系统，省去了诵读神体名字的人为成分，道德艺术的画，看到做到，是登天之梯，为开启先天能量，直接进入上德无心而变化的境界，大开方便之门。

　　7. 先天一炁的师父——太乙救苦天尊

　　因为慈悲心故，哀悯一切众生，太乙救苦天尊是身兼观音、地藏的大慈尊。此圣在天呼太一福神，在世呼为大慈仁者，在地狱呼为日耀帝君，在外道摄耶呼为狮子明王，在水府呼为洞洲帝君。具有天界考核群仙、人界循声救苦、冥界救拔亡魂的三重功能。有神通敌不过业力，但太乙救苦天尊却可以将业果与地狱业力的象征血池化为莲池。

　　太乙救苦天尊从坐骑上下来，一步一朵莲花，哪怕是地狱的鬼，一上到莲花立刻变成菩萨的脸。在莲花上，想吃米饭，一想米饭就来了，但是不能离开莲花，离开就没有了。这是本性能量的一个虚象，打开人体的九幽是真阳之火，灭尽一身的阴气，就是度地狱众生。在地狱呼为日耀帝君，元精发动，太阳落在水中。

太乙救苦天尊

《金刚经》所说的
菩萨道及其修行

五、性命双修

1. 性命的概念

何谓之性？元始真如，一灵炯炯是也。

何谓之命？先天至精，一炁氤氲是也。

2. 性命的关系

性命原不可分。但以其在天，则谓之命；在人，则谓之性。性命实非有两。况性无命不立，命无性不存，而性命之理，又浑然合一者哉。

玄门专以气为命，以修命为宗，以水府求玄立教。故详言命而略言性，是不知性也，究亦不知命。禅家专以神为性，以修性为宗，以离宫修定立教。故详言性而略言命，是不知命也，究亦不知性。贤人之学，存心以养性，修身以立命。圣人之学，尽性而至命。

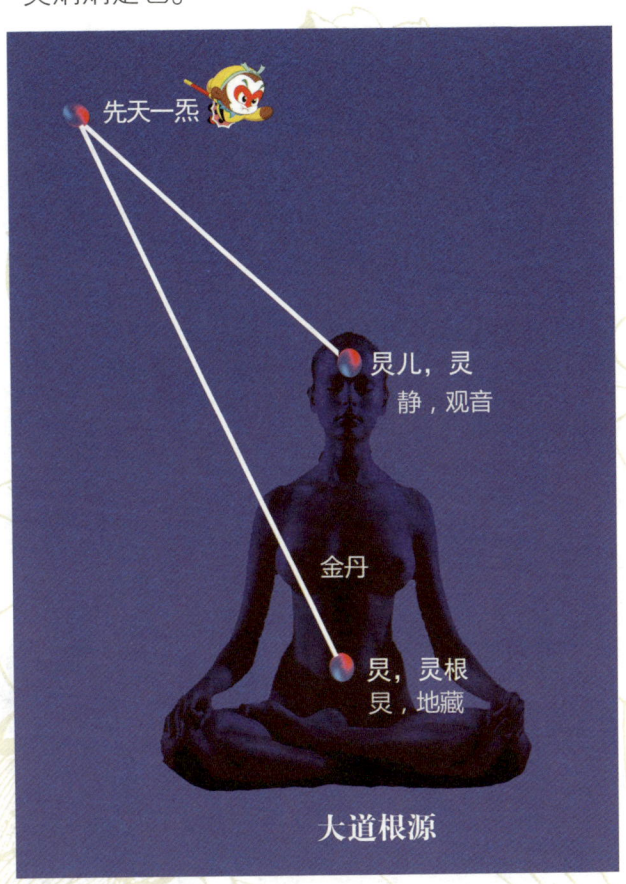

大道根源

101

大智慧之心

3. 性命与身心

心中之神，感而遂通。盖喜、怒、哀、惧、爱、恶欲者存，乃命之所寄也，为性之枢矣。

性而心也，而一神之中烔。命而身也，而一气之周流。故身心，精神之舍也。而精神，性命之根也。

性之造化，系乎心。命之造化，系乎身。见解知识，出于心哉。思虑念想，心役性也。举动应酬，出于身哉。语默视听，身累命也。

吾身之神气合，而后吾身之性命见矣。性不离命，命不离性，吾身之性命合，而后吾身未始性之性、未始命之命见矣。未始性之性、未始命之命，是吾之真性命也。我之真性命，即天地之真性命，亦即虚空之真性命也。（师父）

师父既是性命

4. 性命合金丹成

故圣贤持戒定慧而虚其心，炼精气神而保其身。身保则命基永固，心虚则性体常明。性常明则无来无去，命永固则何死何生。况死而去者，仅仅形骸耳。而我之真性命，则通昼夜、配天地，彻古今者，何尝少有泯灭也哉。

金丹之道，是性命兼修，为最上乘法，号曰金仙。

必于自为性命中，而养成乾元面目，露出一点真灵。

形依神，形不坏；神依性，神不灭。知性而尽性，尽性而至命。乃所谓虚空本体，无有尽时。天地有坏，这个不坏，而能重立性命，再造乾坤者也。故道家不知此，则谓之傍门；释氏不知此，则谓之外道，又焉能合天地之德，而与太虚同体哉？

5. 全自动化的

虚空阴阳，以虚无为本，以养性为宗，是丹法中最上一乘太上无为大道。教人大彻大悟，一无所为，虚极静笃，以我之元阳神炁，合天地之元阳神炁，丹不炼而成。从本体上做功夫，道德双修，性命双修，神形兼修。自然本心回归主人的宝座，返老还童易如反掌。自然本心是炼丹的主帅，自动化系统被打开，启动人体自动接收、自动平衡、自动转化、自动升华的自然功能，只是过日子，做自己喜欢做的事情，却一天二十四小时被天地这个大的炼丹炉冶炼。（《虚空阴阳》）

《虚空阴阳》麻布油画，100×150cm

大智慧之心

六、真传

玄关大道，难遇易成而见功迟。傍门小术，易学难成而见效速。

盖金丹之道，简而不繁。以虚无为体，以清静为用。金，坚；丹，圆，是人毗卢性海乾元面目。佛陀名之，空不空，如来藏。老君号之：玄又玄，众妙门。以此而言道，谓之无上至尊之道；以此而言法，谓之最上一乘之法。三教圣贤皆因此成就。道法三千六百、大丹二十四品皆是傍门，独此金丹一道是条修行正路。

1. 法相

天花乱坠，地涌金莲。妙演三乘教，精微万法全。（《天门脱胎》）

2. 法相现，先天能量成真

3. 四方面综合验证

道德艺术诞生的历史意义，利用象通有入无，看到无形有象世界。（1）理论的验证，（2）身体的验证，（3）玄象的验证，（4）生活的验证，（5）隐传明修。悟真道，真道行。

《天门脱胎》麻布油画，200×150cm

《金刚经》所说的
菩萨道及其修行

4. 最上一乘成圣道果

上乘者,元婴育成,金身合身,与道合真,阴阳在乎手,变化由心,不神而神,阴阳变化不假于有形之符咒,深得自然、自由之妙趣。打开了最高智慧。上八洞三清、四帝,太乙天仙等众。(《蟠桃道果》)

中乘者,元神自运、遨游八极,行功作法,凭符咒召神遣将。中八洞玉皇、九垒,海岳神仙。

初乘者,自运元气,符咒求师,三力合一。下八洞幽冥教主、注世地仙。

5. 四门类旁门左道

"术字门中，乃是些请仙扶鸾，问卜揲蓍，能知趋吉避凶之理。"

"流字门中，乃是儒家、释家、道家、阴阳家、墨家、医家，或看经，或念佛，并朝真降圣之类。""人家盖房欲图坚固，将墙壁之间立一顶柱，有日大厦将颓，他必朽矣。"

"静"字门，祖师道："此是休粮守谷，清静无为，参禅打坐，戒语持斋，或睡功，或立功，并入定坐关之类。""就如那窑头上，造成砖瓦之坯，虽已成形，尚未经水火锻炼，一朝大雨滂沱，他必滥矣。"

祖师道："教你'动'字门中之道如何？""此是有为有作，采阴补阳，攀弓踏弩，摩脐过气，用方炮制，烧茅打鼎，进红铅，炼秋石，并服妇乳之类。"祖师道："月在长空，水中有影，虽然看见，只是无捞摸处，到底只成空耳。""三百六十旁门，皆有正果"，是言其旁门之正果，而非天仙之正果也。钟祖曰："修持之人，不悟大道，而欲速成，形如槁木，心若死灰，神识内守，一志不散，定中出阴神，乃清灵之鬼，非纯阳之仙，以其一志阴灵不散，故曰鬼仙。虽曰仙，其实鬼也。"

"道法三千六百门，人人各执一苗根。要知些子玄关窍，不在三千六百门。"真道是玄关一窍，元神和先天一炁合一的道心。不生不灭的道体活在身上才是得道。

七、得性见金丹

1. 一炁

一炁蟠集，窅窅莫测，氤氲活动，含灵至妙，是为太乙，是为未始之始，是为道。天地之有始也，一炁动荡，虚无开合，雌雄感召，有无相射，

《金刚经》所说的
菩萨道及其修行

混混沌沌，冲虚至圣，包元含灵，神明变化，是为有始之始，是谓道生一。（《一炁图》）

奈何世人不明此道，盛不知养，衰不知救，日复一日，阳尽阴纯，死而为鬼。故三教圣人，以性命学开方便门，教人熏修，以脱生死。欲修长生，须识所生之本；欲求不死，当明不死之人。故曰："认得不死人，方才人不死。"

2. 阴阳

坎象来填，离卦成乾。天地定位，返本还元。（《降龙伏虎图》）

铅汞者，太极初分，先天之炁也。先天炁者，龙虎初弦之炁也。虎居北方坎水中。而坎中阳爻，原属于乾，劫运未交之先，乾因颠蹶驰骤，误陷于坤。乾之中爻损而成离，离本汞居，龙居南方离火之内。而离中阴爻，原属于坤，混沌颠落之后，坤因含受孳育，得配于乾，坤之中爻，实而为坎。坎本铅舍，似此男女异室，铅汞易炉，阴阳不交，则天地否焉。圣人以意为黄婆，引坎内黄男，配离中玄女，夫妻一媾，即变纯乾，谓之取坎填离，复我先天本体。

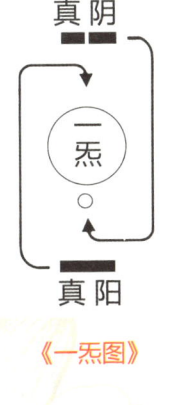

《一炁图》

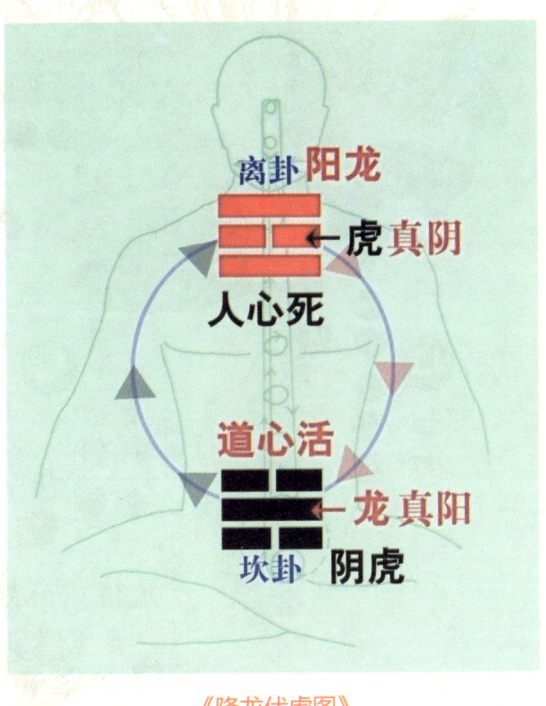

《降龙伏虎图》

大智慧之心

3. 三家相见

肝青为父，肺白为母，心赤为女，脾黄为祖，肾黑为子，子午行始，三物一家，都归戊己。虚其心，则神与性合。静其身，则精与情寂。意大定，则三元混一。身、心、意三家相见，胎圆，结婴儿。精、气、神，叫三元。三元合一丹成。

情合性谓之金木并，精合神谓之水火交，意大定谓之五行全。（《三家相见结婴儿》）

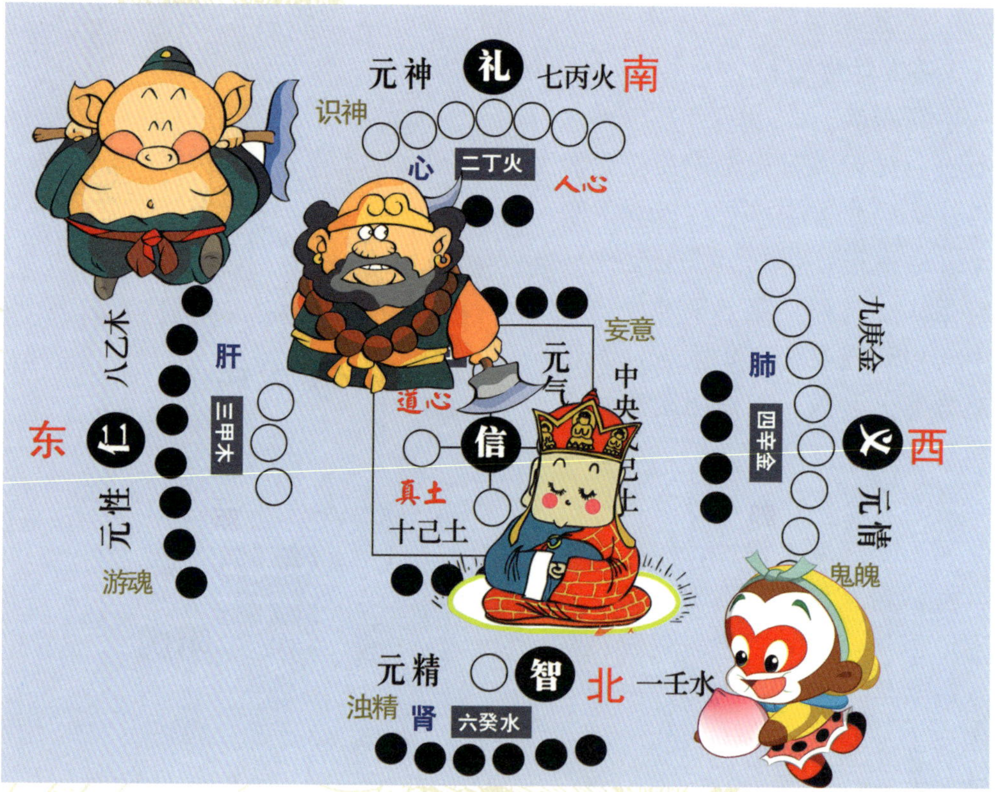

《三家相见结婴儿》

《金刚经》所说的
菩萨道及其修行

4. 和合四象

四象和合入中宫，化作一灵归紫府。（《修真图》）

眼不视而魂在肝，耳不闻而精在肾，舌不动而神在心，鼻不嗅而魄在肺，四者无漏，则精水、神火、魂木、魄金皆聚于意土之中，而谓之和合四象也。

合眼光、凝耳韵、调鼻息、缄舌气四大不动，使金、木、水、火、土俱会于中宫，谓之攒簇五行也。故曰：精神魂魄意，攒簇归坤位，静极见天心，自有神明至。

心若不动，则龙吟云起。朱雀敛翼，而元气聚矣。身若不动，则虎啸风生。玄龟潜伏，而元精凝矣。精凝气聚，则金木水火混融于真土之中，而精神魂魄攒簇于真意之内。真意者，乾元也即元神。

《修真图》

109

大智慧之心

5. 五气朝元

身不动,则精固而水朝元。心不动,则气固而火朝元。真性寂,则魂藏而木朝元。妄情忘,则魄伏而金朝元。四大安和,则意定而土朝元。此谓五气朝元,皆聚于顶也。(《五气朝元》)

因火所逼,遂上乾宫。直至烟消火灭,矿尽金纯。方才成此一粒龙虎金丹。圆陀陀,活泼泼,如露如电,非雾非烟,辉煌闪烁,光耀昆仑,放则迸开天地窍,归兮隐入翠微宫。此时药也不生,轮也不转,液也不降,火也不炎,五气俱朝于上阳,三华皆聚于乾顶,阳纯阴剥,丹熟珠灵。紫阳翁曰:"群阴剥尽丹成熟,跳出樊笼寿万年。"

《五气朝元》

《金刚经》所说的
菩萨道及其修行

6. 卯酉周天

前段乾坤交媾，收外药也；此段卯酉周天，收内药也。收外药者，后上前下，一升一降也；内交媾者，左旋右转，一起一伏也。

东者，木性也；西者，金情也。一物分二，间隔东西，今得斗炳之机斡旋，则木性爱金，金情恋木，两相交结，而金木交并矣。金木交并，方成水火全功，丹经谓之和合四象者，此也。此是天然真火候，自然升降自抽添。（《水火既济图》）

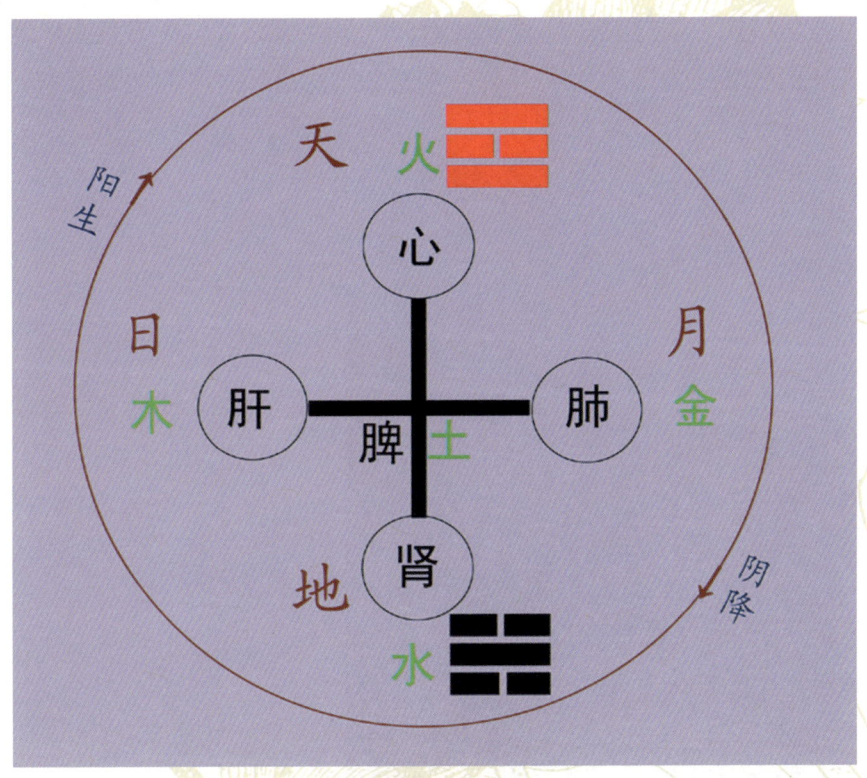

《水火既济图》

111

大智慧之心

八、元精发动

1. 先天一炁水中金

有了电感，一静就老有。人受天地中气以生原有真种，可以生生无穷，可以不生不灭，能以火锻炼，至于凝结成丹，如金如玉，可以长生，可以不化。（《水中金》）

先天的精是自然无为下产生的自发的性功能。真铅，青春生命的能量。后天的精指精液，内分泌多种激素。后天气是呼吸之气，先天气由炼精化气而来，是精气凝练为一的代号，是人体生命机能高度有序的能量流和躯体活力，即生命力。

《水中金》麻布油画，120×150cm

《金刚经》所说的
菩萨道及其修行

2. 凡精元精的区别

元精是先天之气，其质清而虚，后天之精浊而实。元精是后天精之本，元精在人处于十四五岁之前，因知识未开，氤氲内结，无形无相，藏于全身四肢骨节之间，等到情缘一起，嗜欲萌生，则团聚于两肾，一点真精变化为后天之液，念起精起，念伏精伏，因心而化，管住心就可以保精。

3. 自然发生

火入水底，水中生金，杳杳冥冥，不知其极，此神气交而坎离之精生矣！真精生时，身如壁立，意若寒灰，自然而然周身酥软快乐，四肢百体之精气，尽归于玄窍之内。浩浩如潮生，此个真精，实为真一之精，非后天交感之精可比，亦即为天地人物发生之初，公共一点真精。（《道冲》）

4. 如何吃电

佛祖的帖子，比喻本性能量，揭了帖儿，就是够着了本性能量，元精就从五行山下的会阴窍蹿出来。

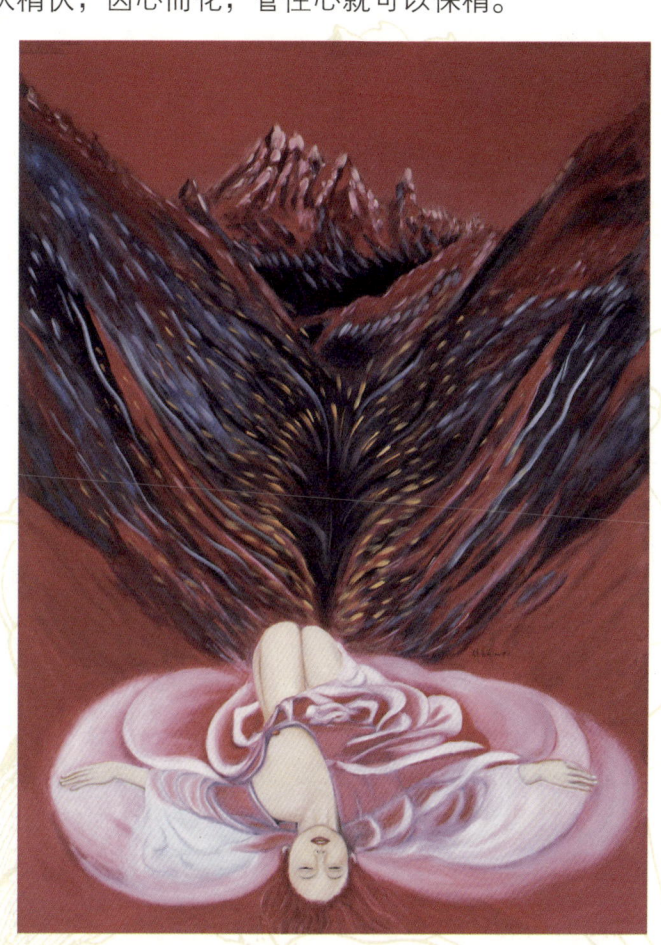

《道冲》麻布油画，200×140cm

113

大智慧之心

5. 元精的象

元精又分为肾水和肾火。肾水之精的全息图形是龟,而肾火之精的全息图形则是蛇。龟与蛇合璧成为一个整体,则称之为元精。看到龟、蛇的象即是元精出现。(肾神形)

阴蹻:它是任脉、督脉、中脉的起处或端地,又是人体内八脉的总枢。"阴蹻"上通泥丸,下透涌泉,倘能知此,使真气聚散,皆从此关窍,则天门常开,地户永闭。周流于一身,贯通上下,和气上朝,阳长阴消,阴蹻是"总为经脉造化之源","产铅之地"。得阳后贵在能平心静气,不生邪念意淫,便能有感而遂通之灵。此阴蹻一穴种阳之法,是道家回春秘诀。青春活力萌生之处,延年益寿的枢机所在。

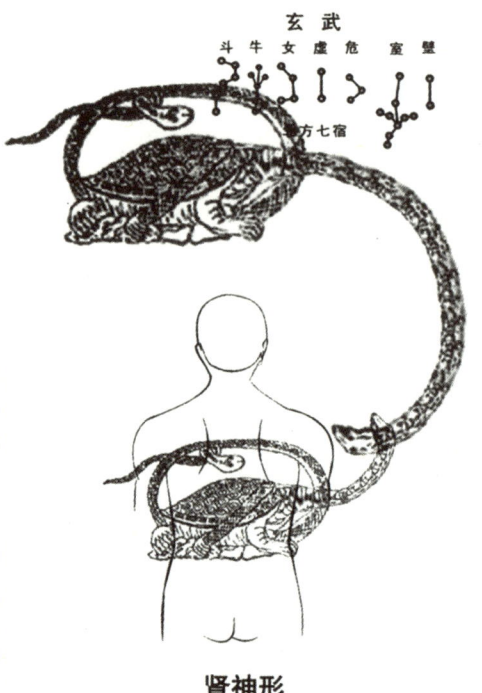

肾神形

6. 开天门

移位换鼎颅内变,当胸腔内光炁开始凝聚成形变化运动萌升时,胸中极为难受,状似冠心病突然发作。真气上贯大脑之中,人体心血系统和神经系统,会出现暂时性功能失常,导致"休克"。类休克现象发生后,颅脑在高能量的作用下,颅骨将出现变化,"三沟九洞"这一生理结构改变现象,使修真者与"天"的联系更密切。(《三沟九洞》)

三界之间,凡有九窍者,可以成仙。移炉换鼎成功,跳出轮回。(《还精补脑》)

《金刚经》所说的
菩萨道及其修行

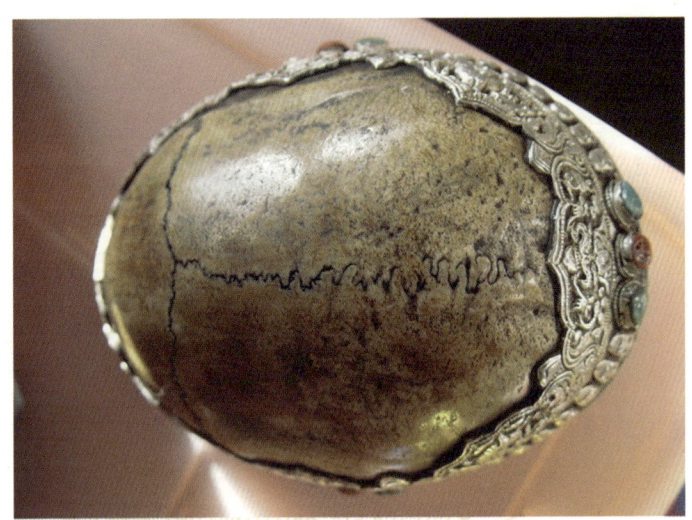

《三沟九洞》

《还精补脑》麻布油画，180×120cm

115

大智慧之心

7. 两重天地

除了现实世界之外，还有一个无形无相无质的虚无空灵世界。一个实体世界，时间、空间是实数。一个虚体世界，时间、空间是虚数，超时空，"虚界"宇宙。色界和虚界是相辅相成，互为因缘，亦此亦彼，即此即彼的。物质世界，用一个象来反应。

8. 神通与附体

道胎养于中宫，心似莲叶不着水，无事无为、自在逍遥。随方就圆，温养于中，将道胎养足；气发于目前，此为纯阳之神能生慧，自有六通之验。漏尽一通（一年半），才有五通之验。（《天眼》）

天眼通，则慧光内能见天上之事。天耳通，则能闻天上之言。宿命通，则能晓前世之因。他心通，则能知未来之事。唯有神境通，乃是识神用事。若不能保护心君，为识神所缚，自己心内有修道的心，欢喜修道，魔已入于心。要知魔障源头，乃是脏腑余阴所致。意念知识，俱是魔将魔兵；肝、脾、肺、肾俱是魔巢魔窟。

有为法修出来的神通是阴神的鬼通，不是修出来的神通是动物灵的附体。

《天眼》

《金刚经》所说的
菩萨道及其修行

9. 警惕阴神

阴神，所携带的主要是下三界、低维下层空间的信息，它不足以成为真正的道器。

由于异性相吸，吸附和采集许多量级不高的阳性能量进入体内。极容易与识神相交通和联结，从而出现"功能现象"，这并不是真正的五眼六通之功。（天河图）

阴神的出体作功是极具危险性的。当心理素质不纯之时出体，很容易进入"魔修期"，阴神与魔性相合，能够非常巧妙地利用仙道佛道知识，幻化生象，魔音交通，神迷幻觉，表现功能，将主观意识玩于股掌之间，左右和控制人的正常活动和行为，张狂傲物无大志问鼎圣道者，那就只能是神道之果而已。

沉醉于神迷之境而不能跳出，自以为得道和成道，并倚仗神通，不仅误己，障碍自身不能问鼎金丹圣道，还很可能误人，甚至误导一批有志于修真证圣道者。社会上这种：一个假和尚，带着一大批真心修佛境者；一个假真人，带着一大帮铁心证仙道者的现象，可以说是比比皆是，为数不少。

《天河图》

大智慧之心

九、元神育成

1. 水中金既是道心

纯阳乾卦即是龙,先天一炁养成法身,感而遂通之灵。元精,这种能量体它本身源自于天地自然,来自大道。"有,名万物之母也"。这个最具有先天属性的德能之体,人体的先天元精,是个灵性具足的母性能量,它是万物之母的力量在体内的反映。"有国之母",《西游记》中是龙母提议给定海神针。

2. 灵液真水

是以柔弱为用,以清净为本。上善则水清,乃为源头活水,天一所生。虽生于五行,而不犯五行之器,一犯五行则为后天之物,而非先天之真。(《真阴之水》)

《真阴之水》麻布油画,120×150cm

《金刚经》所说的菩萨道及其修行

3. 元神炼丹

人受气之初,从父母媾精时结成一点黍珠,此时絪絪缊缊,只有一团太和之气,并无一点知识,然而至神至妙、极奇尽变、作出天下无穷事业出来,皆由此一点含灵之气之神从无知无识而有知有识,从无作无为而有作有为,莫非由此而始,故曰元神,此是天所赋与的。至若识神,乃人身精灵之鬼,历劫轮回种子,必要五官具备,百骸育成,将降生落地时,然后精灵之魂魄方有依附。一自虚无中来,一从色身中出,二者大不

《元神1-自然之子》麻布油画,150×100cm

119

大智慧之心

相同。(《元神1-自然之子》)

（1）神者心中之知觉也。以其灵明故谓之神，先天神元神也，神即性也。后天意识叫识神，神性分离。

（2）先天之神静，后天之神动。先天之神完，后天之神亏。先天之神明，后天之神昏。

（3）有为而为者识神也，无为而为者元神也。识神用事，元神退听。元神作主，识神悉化为元神。

（4）药生无此元神，是为凡精无用，不能结胎。还丹无此元神，是为幻相不能成婴。

（5）夫元神即无极而太极也。一觉而动是元神。忽感忽应，忽应忽止。……若不明元神，由此采取即带浊秽，即使养成，难以飞腾变化，去来自如。道心，不要人心之假。

（6）诚信就是元神：不一则散，不信则浮。散则光不聚，浮则光不凝。最妙者，光已凝结为法身，渐渐灵通欲动矣，此千古不传之秘也。

4. 元神的三大因素：智慧、能量、生化。

修炼性命之金丹大道，一定要从性开始。要在玄中之师的扶助下靠德心和德行的修为启动自身的太乙真元之气聚而有形。当其聚而成形的时候，除了元气作为物质基础之外，还要用"德性"作为真种子，这种子就是元神三大特性之一：生化之机的来源。

人体是一个太极球，在球内存在的所有事物都要受到人体定数的影响，在体内所练就的能量越高，其元神自主的能力就越弱。所以一定要借助于炼丹的力量将其送出体外。从乾门进就仍然从天门出。元神送出去了，留下来的是元神的糟粕。糟粕也在体外元神的支持下更新换代，这就是我们说的"值年元神"。值年元神是靠体外元神作用于体内进行清理新生后的信息。

所以值年元神的控制都在体外元神的身上。

"元神在道，吾心入德"。损之又损为德，忘我无为是德，处后不争是德。

元神的特点是将智慧、能量和事物的生化之机容于一身。

（1）元神的智慧

元神包含有先天和后天的两重基因。先天就是指人的第二套遗传系统中携带的玄根、前身、前世等信号。后天则是人的第一套遗传系统中父系和母系所带的各种信息。由于两方面的因素是一阴一阳，所以元神的信息系统是隐含道性的，这一点古人称之为玄根。

（2）元神的能量

元神具有穿越时空的能量是因为元神的特性使然。元神不是单一的阴性信息体。元神是内丹外成的结果。元神的能量来自于内丹，只有内丹的能量才能将其送到人体外，脱离太极球体的约束。

元神的信号内除了"前生"的信息外还有大量的"原身"信号。原身信号是指史前人类未出现的时代就已经在地球上生存着大量的智慧生物。像我们现在尊为吉祥之物的龙和凤及玄武之象的龟蛇等。它们有的在史前就已经修炼得具备很高的功夫，到后来就羽化掉了自己的肉身，使其进入到另外一个时空。

当人修炼见到龙以后，其功能态一定大异于常。人在实地，龙在虚空。人之元神得以与龙相合则虚空之中的能量也就与人体有了一个固定联系。同样人的寿命信号也会因为虚空信号的引导而改变，以致使"漏尽通"的境界可以逐步实现。人的能量获得也就是人的神通体现过程，这一切没有玄中恩师的指引，就是出阴神也很困难，更不要说出元神。也不要指望得以修成大丹了。所以重德与尊师是不可分的，守德与悟道也是一个整体。

大智慧之心

（3）元神的生化之机

元神的生化之机有三种结果表现出来，也是三种不同层次：圣气、圣婴、圣胎。

圣气：圣气没有智慧之根，圣气是没有思想的，无论是智慧、能量、生化三点，圣气都可以作为一种工具去完成其过程，但是都处于被携带的状态，也就是要集会于一个能量更高的意识。

圣婴："三家相见结婴儿"说的是人的精气神在丹田内由诸多的信号聚合在一起，得到命中真精的推动上升到玄宫，又由玄宫孕育成人形，当这个人形直接由天门出体就称之为出圣婴。如果人形又降回到腹中海内，就称之为婴儿，圣婴再次得到真精哺育，则神全与人身合一、形质合一后迁出体外，也称之为出圣婴。火候足，婴儿现，过去称之为九转金丹。这时候出的圣婴没有经历过"换鼎"的过程，三项指标中智慧与能量都达到了，却不能化生，能够经历三个指标完成全过程的是圣胎。（《玉神》）

《乾宫养育》麻布油画，150×200cm

《金刚经》所说的
菩萨道及其修行

《玉神》麻布油画，120×90cm

大智慧之心

5. 玄关养元神

（1）玄关概念

在意识与无意识前后际断时出现的一觉就是性光，就是正觉。虽是从虚无中来，但在内丹学中有其落脚处，或描绘为如闪电一掣，或呈现出如黍米一般大小的星点。它不是有心去寻来的，也不是无心偶得的，乃是涵养既久，蕴蓄得够深，灵机一触而自然发生。它又是先天和后天的交接处，内丹学又称此为玄关。（《玄牝之门》）

在见性之前的所有功夫都只是筑基，玄关一现，才算正式进入修行的大门。见性与玄关出现其实是同一件事，但玄关较易描绘，因此丹经中对玄关的描述和探究着墨甚多，关注有加。

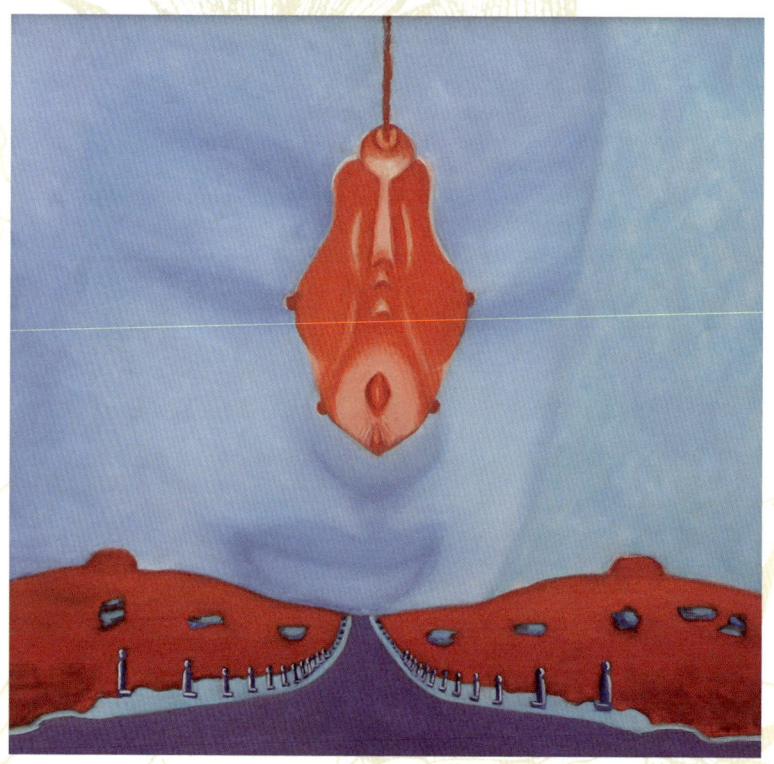

《玄牝之门》麻布油画，100×100cm

《金刚经》所说的菩萨道及其修行

此窍者，非心非肾，非口鼻也，非脾胃也，非谷道也，非膀胱也，非丹田也，非泥丸也。能知此一窍，则冬至在此矣，药物在此矣，火候亦在此矣，沐浴亦在此矣，结胎亦在此矣，脱体亦在此亦。夫此一窍，亦无边傍，更无内外，乃神气之根，虚无之谷，则在身中求之，不可求于他也。"此窍非凡窍，乾坤共合成。名为神气穴，内有坎离精"。只要功夫纯粹，打成一片，如鸡抱卵，自然神归气复，玄关出现，意味着开启了先天之门，所谓"冬至""药物""火候""沐浴""结胎""脱体"都是先天基础上出现的，所以会说"在此"。

（2）见性开玄关

意原于心而成于性，故有真心乃有真性，有真性方有真意，此意谓之先天一意。当夫静坐之际，一心端坐，洞然玄朗，无渣滓，无知识，即先天性体也。从此空中落出一点真意，故谓之先天一意。丹道之成，皆此一意为之运用而转旋也。

唯将发未发、未发忽发之际发之者，玄关也。略先一息非玄关矣，略后一息非玄关矣。故玄关之在人，方其静时，转眼即是，及其动时，转眼即非，是直须臾耳，瞬息耳。玄关者，万象咸寂，一念不成，忽而有感、感无不通，忽而有觉、觉无不照，此际是玄关也。感而思，觉而照，即非玄关矣。然则玄关之在人，如石中之火，电中之光，捉摸不着。

静以养心，明以见性，慧以观神，定以长气，寡欲以生精，致虚以立意，此要诀也。静则无为故心清，明则不昏故性见，慧则能照故神全，定则常存故气舒，寡欲则一元固故精生，致虚则万缘空故意实，此要诀中之要诀也。

（3）顿法

欲体夫至道，莫若明乎本心。故心者，道之体也；道者，心之用也。人

大智慧之心

能察心明性，则圆明之体自现，无为之用自成。不假施功，顿超彼岸。张伯端得闻达摩六祖最上一乘之妙旨，可因一言而悟万法也。在他看来，见性为无为妙觉之道，是最上一乘妙旨，可以顿超直入，决定无生。如果能以此道入，将是上上之选，此为顿法。

上上乘法从见性入手，至全性为验证，金性化神为完备，还虚合道方为超越。

静心净心的结果，使得生命能量的积累和对意识无意识的控制调谐都能达到最佳状态。

顿法从动处入手，直接走黄道，恭入中脉，不仅涵括三丹田，更重视海底和泥丸的作用。直上直下，不断冲击贯通，在此过程中，所谓"白雪漫天，黄芽遍地"，性光常现，直至一轮性月当头。《唱道真言》说："果有上知之士，一朝悟入大乘，能于行住坐卧四威仪中，一空所有，时时反照。半年十月，火候到时，自然性月当空，元神出现。任何一种方法至全性之时，天星地潮的反应是必然的过程。不同于传统内丹炼精化气中精气先在任督二脉运行的方法，顿法不经任督二脉直走黄道，将精气神一步到位转化为光，如《易经》所言"含万物而化光"。采用的是"虚空阴阳"之法，就是直接盗得先天一炁，以此能量激活真我。

（4）胎息即天光

肾间气动：左右肾之间有一条非物质性连线，它像一个永动机，玄牝之门，橐籥。元气主要产于肾间气动。命门为元气之根，水火之气，五脏阴气非此不能滋，五脏阳气非此不能发。橐籥就是肾间气动。

"真息叩开玄关门"，胎息是真息之基，无胎息功夫，见不了玄关，产不了灵药。

胎息最主要的作用，是沟通人与体外宇宙能量的连接。元气增加到一

定程度后,开始向生命的本根返归,实现返老还童,胎息是人生最根本的保险。它能自己启动"开关",进行"充电"。不是你在炼胎息,而是胎息在炼你。"胎息养胎神"。

出息微微,入息绵绵,渐渐入而渐渐柔,渐渐和而渐渐定。久则窍中发动真息,上不过心,下不过肾,久动而定,自然内气不出,外气返进。四个吸呼者,是先天气升,后天气降。后天气升,先天气降。是此上彼下,彼下此上之气。是自然而然之动,非是用意也。

息者,自心也。自心为"息",心一动,而即有气,气本心之化也。"心息相依"。故回光兼之以调息,此法全用耳光。一是目光,一是耳光。目光者,外日月交光也;耳光者,内日月交精也。然精即光之凝定处,同出而异名也。故聪明总一灵光而已。

存心于听息。息之出入,不可使耳闻,听惟听其无声也。一有声,便粗浮而不入细,即耐心轻轻微微些,愈放愈微,愈微愈静,久之,忽然微者遽断,此则真息现前,而心体可识矣。(《胎息》)

"鸡能抱卵心常听"。其听也,一心注焉。心入则气入,得暖气而生矣。故母鸡虽有时出外,而常作侧耳势,其神之所注,未常少间也。神之所注,未尝少间,即暖气亦昼夜无间,而神活矣。神活者,由其心之先死也。人能死心,元神活矣。死心非枯槁之谓,乃专一不二之谓也。心易走,即以炁纯之;炁易粗,即以心细之,如此而焉有不定者乎?

(5)玄关内的法财侣地

欲穷生身受气之初那一点虚无元阳,必先向色身中调和坎离水火。迨后天水火既调,然后坎中一阳自下而上,离中一阴自上而下,上下相会于虚危穴中,烹之炼之,而先天一炁来归,玄牝之门兆象矣。此坎中一阳、离中一阴,即内财也。日夜神火温养,不许一丝渗漏,即积内财也。能向自家身

大智慧之心

《胎息》麻布油画，150×120cm

心寻出一个妙窍，即内法也。前言本来人，即内伴侣也。云虚危一穴，即内地也。

（6）大周天

内丹修炼的路径要回到脊髓中，内丹修炼成功的结果是要打通人体与宇宙真气的直接联系通道，也就是大周天的运转。大周天运转的路径有其特殊的地方。它既不走十二经脉，也不循奇经八脉。而是由神门（脐）进入后走先天线到命门，随之沿脊髓上至玉枕，在玉枕处穿颅道到达百会（天门），玉枕与百会间的颅骨要炼化出沟槽来。接着沿头骨内侧，在前额骨内运动直到鼻尖。一到鼻尖，则自发地抽鼻、身涌。至此，大丹告成。因此大周天的循环路线是一个"G"一样的符号，其形状就像一个人坐在那儿练功的侧面像。（大周天）

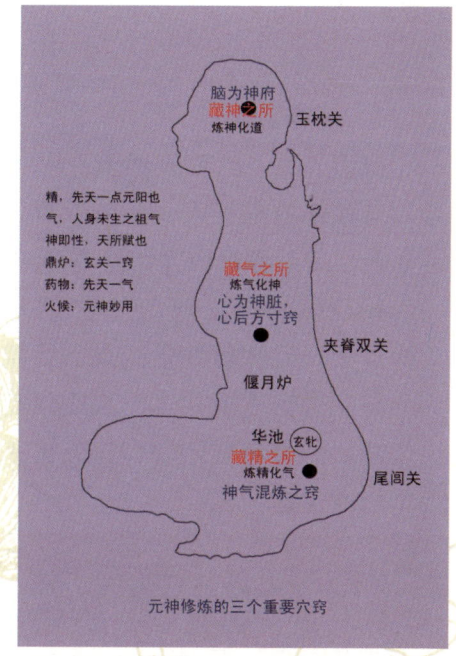

元神修炼的三个重要穴窍

大周天

大智慧之心

十、脱胎

1. 三昧真火

张紫阳:"自有天然真火候,何须柴炭及吹嘘。"火,自动起火叫真火,自然来的是先天,是成就真人的神火。从后背瞬间烧到整个大脑,一分钟几趟,冬天暖气关了,穿着单衣,还每天因大汗洗澡。

精化气,气化神,气是波,神是光,从波到光,将能量进一步提纯。三昧真火,人体最高级的火。元精发动,命门起火,烧腹部和后背。真火往头上烧叫火焚内院,这时火既是药,药既是火,浑身的电感是散的光气,真火烧把散的凝聚成团块,以便出来,与太虚合体,脱离人体八卦炉的制约。(《炉中长虹》)

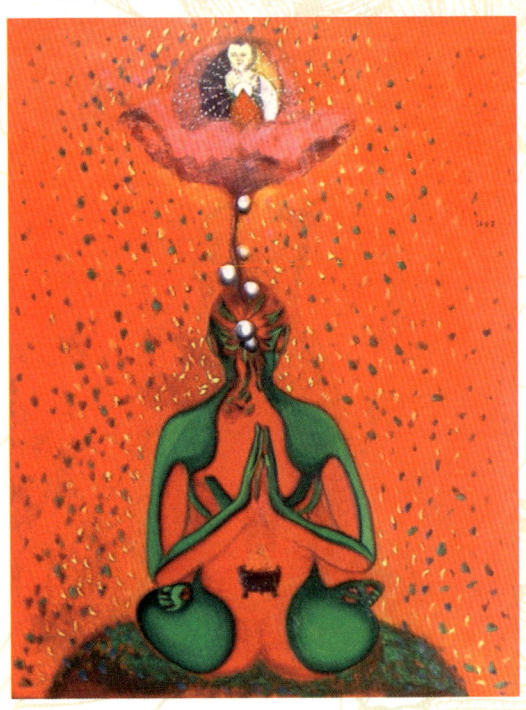

《炉中长虹》麻布油画,150×200cm

2. 能量足了自然脱胎

奉天时,真阳未足温之养之。不要以大道起脚之地,为神仙歇脚之乡。其曰:"不做他!不做他!把公案推倒。"是欲以百尺竿头进步,大化而入于神圣之域。

3. 移炉换鼎

"先天一炁,自虚无中来。一点阳精,秘在形山,不在心肾,而在乎玄关一窍。"由体内之鼎移到体外大鼎,玄中恩师在虚空之中玄鼎同炼。

天地生之必能育之养之,如此方能最大限度地摆脱人身的影响,并且通过特殊的渠道控制人身的进化修炼。

4. 法身摩尼珠

混元体正合先天,万劫千番只自然。

渺渺无为浑太乙,如如不动号初玄。

炉中久炼非铅汞,物外长生是本仙。

变化无穷还变化,三皈五戒总休言。

一点灵光彻太虚,那条拄杖亦如之。

或长或短随人用,横竖横排任卷舒。

身心的无限的变,来自法身。

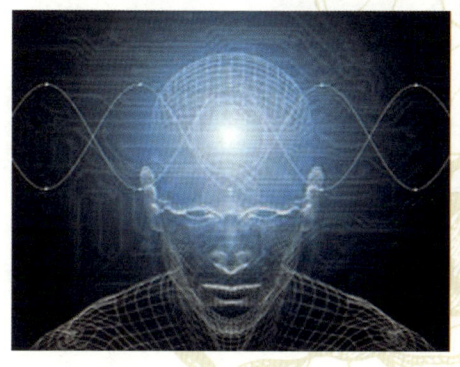 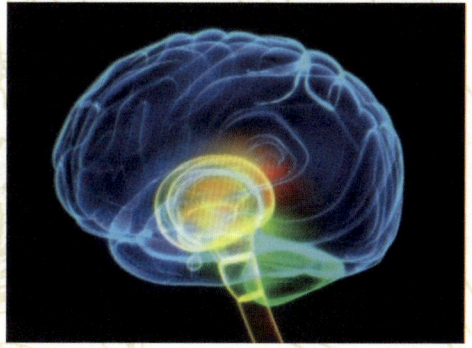

摩尼珠

大智慧之心

5. 法身应天星

灵明之真性,统摄先天之精气神,上应三台之星(上台为虚精开德星君,中台六淳司空星君,下台曲生司禄星君,三台星君为宿星之尊,和阴阳而理万物的神仙,三台是天阶,太一大帝踩着它用来上下),最不易辨;非有非无,非色非空;亦非后天所有之物。

所谓身外身者,是必须八百之行,三千之功,三家相见,凝而为一黍之珠;如众水朝宗,而归元海矣。(《朝元图》)

《朝元图》

《金刚经》所说的
菩萨道及其修行

十一、合道

1. 登太极

形神都上太极图，称之为登法盘。这是高维空间九天玄女恩师的隐传心授。肉身和心神同步还虚，脱离阴阳进入一。跳出阴阳制约复归于无极，得此天机者立跻仙位佛果。从太极（先后天之间）、玄极（过渡）到无极（高层次的先天），这是一种跨越时空、高质量高能量的时空转换，会引起形体的剧烈反应而出现假死。

学仙佛之流，若独以炼神为妙，不知炼形为要者，所谓清灵善变之鬼，何可与高仙为比哉！

历玄宫、登法盘：

极眼是一对凸凹、高速旋转的结构。凹旋阴性极眼，称为入死。凸旋阳性极眼，称之出生。这一对凹凸旋入和旋出的极眼就是造化的通道、大道的门径。登法盘，历玄宫，是无为大法。获得玄师们的直接性调控，一般都能无为进入实证之中，将会反复多层次多量级地转换。十八层地境亦在此阴极之中，三十三天俱在此阳极之中。是否会经历其境，全在各人先天福慧根基，后天福德道心。全息阴极玄境的展现，佳者其境甚简不繁，劣者险恶之象错综复杂千绪百端。（《脱胎换骨》）

无极图

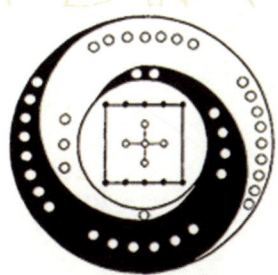
玄极图

太极图

133

大智慧之心

　　七为先天之数，先天中先天的变化大都是七日一变，这一特点越往上越明显。高能量源源不绝地向形体中集聚，感觉胸中莫可名状地难受，上贯大脑之中，人体心血、神经系统的关键腑脏必然会出现暂时性功能失常，而导致类休克的出现。短者几分钟，长者在半小时以内，即可恢复常态。

　　之前光炁都是自身性光、灵光、神光所发，是一种外辐射性光炁，登太极后，沐浴天光，我在天光中，是由外向内的光。修出的金丹，灵体光球，不宜再居于这种剧变的内在高能量环境，来到体外，肉眼可见旋转的光球。脑组织将出现变化，例如脑组织的眩动，耳闻天音，类似于耳鸣、金鸡金钟之鸣，以及一些系列性的变化。

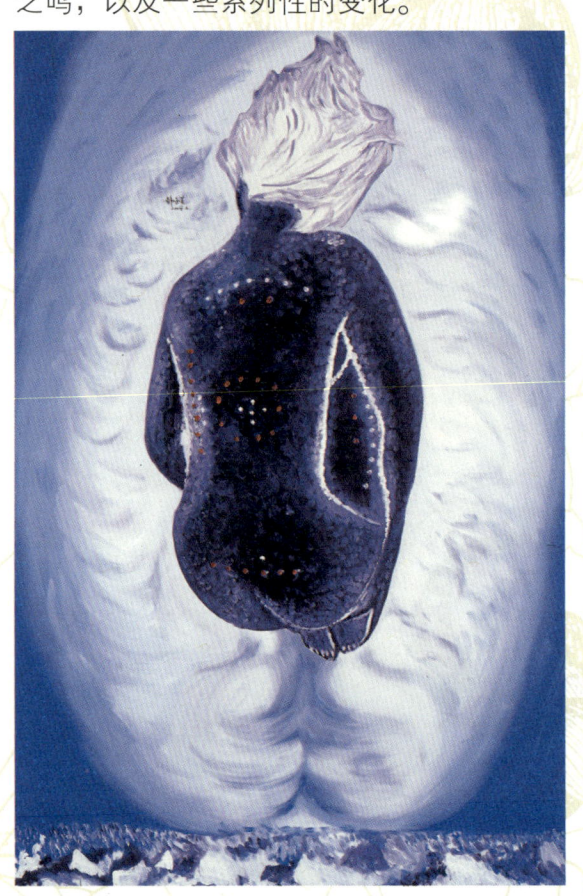

《脱胎换骨》麻布油画，120×180cm

2. 真空炼形

身处瓮外者，老子："外其身而身修，忘其形而形存。"《清静经》曰："内观其心，心无其心；外视其形，形无其形。形无其形者，身空也；心无其心者，心空也。心空无碍，则神愈炼而愈灵；身空无碍，则形愈炼而愈清。直炼到形与神而相涵，身与心而为一，方才是形神俱妙，与道合真者也。"古仙曰："形以道全，命以术延。此术是窃无涯之元炁，续有限之形躯。

《真空炼形》

无涯之元气，是天地阴阳长生真精，灵父圣母之气也；有限之形躯，是阴阳短促浊乱，凡父凡母之气也。故以真父母之炁，变化凡父母之身，为纯阳真精之形，则与天地同寿也。"（《真空炼形》）

3. 阳神出现

阳神出现，烁烁金光。

闪闪白毫端里，涌出无相实相之金身；炎炎舍利光中，普现三千大千之世界。（《阳神现象》）

和自己的样貌一样的一个年轻的自己。

有感而动，念虑一起，可以跨鹤登云，升天入地，做一切祛邪补正救人利物之事，且化百千万亿化身，到处现形救世，而不见其有损，即寂寂无迹，收敛至于无声无臭，亦不见其少益。阳神它没有自我，只是感而遂通，常应常静，亿万的化身，循声外应。

大智慧之心

《阳神现象》

《金刚经》所说的菩萨道及其修行

4. 粉碎虚空

圣人云:"身外有身,未为奇特,虚空粉碎,方露全真。所以脱胎之后,正要脚踏实地,直待与虚空同体方为了当。"空中不空者,真空也。真空者,大道也。今之炼神还虚者,尤落在第二义,未到老氏无上至真之道也。炼虚合道者,此圣帝第一义,即是释氏最上一乘之法也。此法只是复炼阳神,以还归我毗卢性海耳。所以将前面分影散行之神,摄归本体。又将本体之神,销归天谷。又将天谷之神,退藏于祖窍之中,如龙养颔下之珠,若鹤抱巢中之卵,谨谨护持,毋容再出。

寂灭既久,而六龙之变化全在神光化为舍利光矣。如赫赫日轮(老子诞辰,早晨4点20分一个大太阳冲到窗帘上),从祖窍之内,涌涌而出,化为万万道毫光,直冠于九天之上。若百千杲日,并照耀于三千大千世界。而圣也、贤也,及森罗万象,莫不齐现舍利光之中矣。

到此地位,方知天地与我同根,万物与我一体。遍法界是个如来藏,尽大地是个法王身。虚空且难笼其体,真心其妙也。鬼神亦莫测其机。上乎天,而下乎地,无不是这个充塞。(《归元》)

5. 本性佛验证

太上所以云:天地有坏,这个不坏。这个才是真我,这个才是真如,这个才是真性命,这个才是真本体,这个才是真虚空,这个才是真实形。这个才是菩提道场。这个才是涅槃实地。这个才是不垢不净。这个才是非色非空。这个才是佛之妙用、快乐无量。这个才是烦恼业净、本来空寂。这个才是一切因果,皆如梦幻。这个才是金刚不变、不坏之真体。这个才是无始不生不灭之元神。这个才是不可量、不可称、不可思议、无边功德。这个才是清净法身,圆满报身,千百亿化身,毗卢遮那佛。

大智慧之心

《归元》麻布油画，200×300cm

《金刚经》所说的
菩萨道及其修行

《元始天尊》，160×120cm

139